Training Note トレーニングノートα 数学Ⅰ

はじめに

数学の勉強をする際に，公式や解き方を丸暗記してしまう人がいます。しかし，そのような方法では，すぐに忘れてしまいます。問題演習を重ねれば，公式やその活用方法は自然と身につくものですが，ただ漫然と問題を解くのではなく，その公式の成り立ちや特徴を理解しながら解いていくことが大切です。そうすれば，記憶は持続されます。

本書は，レベルを教科書程度の基本から標準に設定し，理解をするために必要な問題を精選しています。また，直接書き込みながら勉強できるように，余白を十分にとっていますので，ノートは不要です。

POINTS では，押さえておくべき公式や重要事項をまとめています。Check では，どの公式や重要事項を用いるかの指示や，どのように考えるのかをアドバイスしています。さらに，解答・解説では，図などを使って詳しく解き方を示していますので，自学自習に最適です。

皆さんが本書を最大限に活用して，数学の理解が進むことを心から願っています。

目　次

1 整式とその加減

解答 ▸ 別冊P.2

POINTS

1 整　式

単項式と多項式をあわせて**整式**という。

2 整式の整理

① 同類項をまとめる。

② 1つの文字について，次数の高い順（降べきの順）に並べる。

3 整式の加法・減法

2つの整式 A，B の和・差は，$A+B$，$A-B$ を計算して，同類項をまとめる。

1 次の □ にあてはまる数や式を答えよ。

□(1) 単項式 $3a^2b^3c^4$ の次数は ［①］ であり，係数は ［②］ である。また，文字 a について着目すると，次数は ［③］ であり，係数は ［④］ である。

□(2) 整式 $x^4-2x^2+x^3-x+4x^2-1$ を x について降べきの順に整理すると，［①］ となる。この整式は x についての ［②］ 次式であり，定数項は ［③］ である。

□(3) 整式 $2x^2-3xy+3y^2-3x-4y+1$ を，x について降べきの順に整理すると ［①］ となり，定数項は ［②］ である。また，この整式を y について降べきの順に整理すると ［③］ となり，y の係数は ［④］ である。

Check

1 (1)式の次数は，かけた文字の個数になる。

(2)「降べきの順」とは，次数の高いほうから低いほうへ項を並べること。また，文字の部分が同じ項は，1つの項にまとめる。

2 $A=5x^3-4x^2+3x$, $B=x^2-7x+2$, $C=x^3-4x+3$ のとき，次の式を計算せよ。

↳**2** 同類項をまとめて，降べきの順に整理する。

□(1) $A+B+C$

□(2) $A+B-(A-C)$

(2)かっこをはずして，式を簡単にしておく。

□(3) $A+B-2(A-3B+C)$

(3)分配法則を使ってかっこをはずし，式を簡単にしておく。

3 次の□の①～⑤にあてはまる数を求めよ。

↳**3** 同類項が上下にそろって並んでいることを確認し，同類項をまとめる。

□(1)
$$\begin{array}{rr} & 2x^2-4x+5 \\ +) & 3x^2-2x-1 \\ \hline & \boxed{①}x^2-6x+\boxed{②} \end{array}$$

□(2)
$$\begin{array}{rr} & 4x^2-\ 3x-5 \\ -) & 2x^2-\ 5x+1 \\ \hline & \boxed{③}x^2+\boxed{④}x-\boxed{⑤} \end{array}$$

□ **4** $A=x^3-2x+5$, $B=-3x^3-2x^2+x-2$ のとき，$A-X=B$ を満たす整式 X を求めよ。

↳**4** 与えられた等式は $X=A-B$ と変形することができる。

2 整式の乗法 ①

解答▸別冊P.2

POINTS

1 指数法則

m，n が正の整数のとき，

$\boldsymbol{a^m \times a^n = a^{m+n}}$，　$\boldsymbol{(a^m)^n = a^{mn}}$，　$\boldsymbol{(ab)^n = a^n b^n}$

2 整式の乗法

整式の積は，分配法則を用いて展開する。

$A(B+C)=AB+AC$，　$(A+B)C=AC+BC$

3 乗法公式（I）

① $\boldsymbol{(a+b)^2=a^2+2ab+b^2}$，　$\boldsymbol{(a-b)^2=a^2-2ab+b^2}$

② $\boldsymbol{(a+b)(a-b)=a^2-b^2}$

③ $\boldsymbol{(x+a)(x+b)=x^2+(a+b)x+ab}$

④ $\boldsymbol{(ax+b)(cx+d)=acx^2+(ad+bc)x+bd}$

Check

5 次の計算をせよ。

□(1) $a^3 \times a^4$　　□(2) $(-x^2)^3 \times \left(\dfrac{1}{2}x\right)^2$

□(3) $(2x^3)^2 \times (-x)^3$　　□(4) $(4ab)^2 \times (-3a^3b^5)^3$

↳ **5** 指数法則を用いて計算する。
POINTS 1 参照。

6 次の式を展開せよ。

□(1) $2a(3a^2-4a+5)$　　□(2) $(x^2-2xy-5y)(-xy)$

□(3) $(2x-y)(4x^2-xy+y^2)$

↳ **6** 分配法則を用いて計算し，同類項をまとめて降べきの順に整理する。
POINTS 2 参照。

□(4)　$(x^2-xy-2y^2)(2x-3y)$

□(5)　$(x-1)(x^4+x^3+x^2+x+1)$

7　次の式を展開せよ。

↳ 7 POINTS 3-①, ②参照。

□(1)　$(3x+1)^2$　　□(2)　$(2x-3y)^2$

□(3)　$(x-2)(x+2)$　　□(4)　$(5a+2b)(5a-2b)$

8　次の式を展開せよ。

↳ 8 POINTS 3-③, ④参照。

□(1)　$(x+2)(x-5)$　　□(2)　$(a-3b)(a-4b)$

□(3)　$(3x+2y)(3x+5y)$　　□(4)　$(3x-1)(2x+7)$

□(5)　$(5x+2y)(2x-3y)$

3 整式の乗法 ②

解答 ▸ 別冊P.2

POINTS

1 乗法公式 (II)

① $(a+b+c)^2=a^2+b^2+c^2+2ab+2bc+2ca$

② $(a+b)^3=a^3+3a^2b+3ab^2+b^3$,　$(a-b)^3=a^3-3a^2b+3ab^2-b^3$

③ $(a+b)(a^2-ab+b^2)=a^3+b^3$,　$(a-b)(a^2+ab+b^2)=a^3-b^3$

2 複雑な式の展開

整式の一部を１つの文字でおきかえたり，共通な項ができるように変形したりすると，乗法公式が適用できる場合がある。

Check

9 次の式を展開せよ。

□(1)　$(a+b+1)^2$　　□(2)　$(x-y-2)^2$

↳ 9 POINTS 1-① 参照。

10 次の式を展開せよ。

□(1)　$(x+2)^3$　　□(2)　$(2a+3b)^3$

□(3)　$(y-3)^3$　　□(4)　$(2x-3y)^3$

↳ 10 POINTS 1-② 参照。

11 次の式を展開せよ。

□(1)　$(x+1)(x^2-x+1)$

□(2)　$(x+2y)(x^2-2xy+4y^2)$

□(3)　$(3a-2b)(9a^2+6ab+4b^2)$

↳ 11 POINTS 1-③ 参照。

12 $(x+y-2)(x+y+5)$ を，次の手順に従って展開せよ。

□(1) $x+y=A$ として，与式を展開せよ。

□(2) (1)の式で $A=x+y$ を代入することで，与式を展開せよ。

↳**12** $x+y=A$ とおいて，乗法公式
$(x+a)(x+b)$
$=x^2+(a+b)x+ab$
を適用する。

13 次の式を展開せよ。

□(1) $(a+b+c)(a+b-c)$

□(2) $(a^2+a+2)(a^2+a+3)$

□(3) $(x^2+x-1)(x^2-x+1)$

□(4) $(x+1)^2(x-1)^2$

□(5) $(x-1)(x-2)(x+1)(x+2)$

□(6) $(x-1)(x-2)(x+2)(x+3)$

↳**13** (1)～(3)整式の一部を1つの文字でおきかえて，乗法公式を適用する。

(4)指数法則 $a^2b^2=(ab)^2$ を利用して，乗法公式を適用する。

(5)かける組み合わせを工夫する。

(6)かける組み合わせを工夫して，共通な項ができるようにする。

4 因数分解 ①

解答▸別冊P.3

POINTS

1 共通因数のくくり出し

共通因数をかっこの外にくくり出す。　$ma+mb=m(a+b)$

2 因数分解の公式 (I)

① $a^2+2ab+b^2=(a+b)^2$，$a^2-2ab+b^2=(a-b)^2$

② $a^2-b^2=(a+b)(a-b)$

③ $x^2+(a+b)x+ab=(x+a)(x+b)$

④ $acx^2+(ad+bc)x+bd=(ax+b)(cx+d)$

たすきがけ

a	b	$\longrightarrow bc$
c	d	$\longrightarrow ad$
ac	bd	$ad+bc$

3 因数分解の公式 (II)

① $a^3+b^3=(a+b)(a^2-ab+b^2)$，$a^3-b^3=(a-b)(a^2+ab+b^2)$

② $a^3+3a^2b+3ab^2+b^3=(a+b)^3$，$a^3-3a^2b+3ab^2-b^3=(a-b)^3$

14 次の式を因数分解せよ。

□(1) x^2+3x　　□(2) $6a^2b-8ab^2$

□(3) $(2+y)-x(2+y)$　　□(4) $1-a+b-ab$

15 次の式を因数分解せよ。

□(1) $x^2+10x+25$　　□(2) $x^2-8x+16$

□(3) $4x^2-12xy+9y^2$　　□(4) $25a^2-64b^2$

Check

14 共通する因数をくくり出す。
POINTS 1 参照。

15 因数分解の公式を利用する。
(1)〜(3) POINTS 2-①参照。
(4) POINTS 2-②参照。

16 次の式を因数分解せよ。

□(1) x^2+5x+6　　□(2) $x^2-7xy+12y^2$

↳ 16 (1)(2) POINTS 2-③参照。

□(3) $3a^2-3a-6$

(3)最初に共通因数をくくり出す。

17 次の式を因数分解せよ。

□(1) $3x^2-14x+8$　　□(2) $6x^2+29x+35$

↳ 17 たすきがけを利用する。
POINTS 2-④参照。

□(3) $2x^2+3xy+y^2$

18 次の式を因数分解せよ。

□(1) x^3+64　　□(2) a^3-27b^3

↳ 18 (1)〜(4) POINTS 3-①参照。

□(3) $64x^3+8y^3$　　□(4) $16x^3-54y^3$

(3)(4)共通因数をくくり出してから，公式を適用する。

□(5) $8x^3+12x^2+6x+1$

(5) POINTS 3-②参照。

5 因数分解 ②

解答 ▸ 別冊P.4

POINTS

1 複雑な式の因数分解

① 共通な式や整式の一部を，1つの文字でおきかえる。
② 最も次数の低い文字で，式を整理する。
③ 項の組み合わせを工夫して，共通な項をつくる。

Check

19 次の式を因数分解せよ。

□(1) $(x-y)^2-z^2$　　□(2) $(a+b)^3+c^3$

↳ 19 (1)(2)整式の一部を1つの文字でおきかえる。

□(3) $(x+y)^2-(x+y)-2$

(3)共通な式を1つの文字でおきかえる。

□(4) a^6-b^6　　□(5) x^4-3x^2+2

(4)(5)整式の一部を1つの文字でおきかえる。

□(6) $(x+1)(x+2)(x+3)(x+4)-24$

(6)展開する項の組み合わせを工夫する。

20 次の式を因数分解せよ。

□(1) $a^3+a^2b-a^2-b$　　□(2) $ab+b^2-a-b$

↳ 20 (1)(2)最も次数の低い文字について整理する。

□(3) $a^2(b-c)+b^2(c-a)+c^2(a-b)$

(3)どの文字についても2次式だから，どの文字で整理してもよい。

21 次の式を因数分解せよ。

□(1) $x^2+3xy+2y^2+x-y-6$

□(2) $2x^2+xy-3y^2+5x+5y+2$

↳ **21** x について整理し，たすきがけを利用する。

□ **22** 次の □ にあてはまる数や式を答えよ。

$$x^4+4=(x^2+\boxed{①})^2-\boxed{②}$$
$$=(\boxed{③})(\boxed{④})$$

↳ **22** 因数分解の公式 $A^2-B^2=(A+B)(A-B)$ を利用する。

23 次の問いに答えよ。

□(1) $P=(a+b+c)(a^2+b^2+c^2-ab-bc-ca)$ を展開して，$P=a^3+b^3+c^3-3abc$ となることを示せ。

□(2) (1)の結果を用いて，$x^3+y^3+3xy-1$ を因数分解せよ。

↳ **23** (2) $a=x$，$b=y$，$c=-1$ として，(1)の結果を利用する。

第1章 第2章 第3章 第4章 第5章

6 実　数

解答▸別冊P.4

POINTS

1 実　数

整数 p，q（ただし，$p \neq 0$）を用いて，分数 $\frac{q}{p}$ の形で表される数を**有理数**といい，有理数でない数を**無理数**という。有理数と無理数をあわせて**実数**という。

$$\text{実数}\begin{cases}\text{有理数}\begin{cases}\text{整数}\\ \text{有限小数}\\ \text{循環小数}\end{cases}\\ \text{無理数（循環しない無限小数）}\end{cases}$$

2 実数の性質

a，b が実数のとき，$\boldsymbol{a^2+b^2=0}$ ならば，$\boldsymbol{a=0}$，$\boldsymbol{b=0}$

3 絶対値

a の絶対値を，記号を使って $|\boldsymbol{a}|$ で表す。

$a \geqq 0$ のとき，$|\boldsymbol{a}|=\boldsymbol{a}$，　　$a<0$ のとき，$|\boldsymbol{a}|=-\boldsymbol{a}$

24 次の分数を循環小数で表せ。

□(1) $\frac{47}{33}$　　　□(2) $\frac{107}{333}$

Check

24 循環小数は，普通，次のように表す。

$0.333\cdots=0.\dot{3}$

$1.5454\cdots=1.\dot{5}\dot{4}$

$2.375375\cdots$

$=2.\dot{3}7\dot{5}$

25 次の循環小数を分数で表せ。

□(1) $2.\dot{3}\dot{4}$　　　□(2) $0.\dot{3}4\dot{5}$

25 (1) $x=2.\dot{3}\dot{4}$ とすると，$100x$ は小数点以下が x と同じになる。

26 次の等式を満たす実数 x, y を求めよ。

□(1) $(x+1)^2+(2y+3)^2=0$

□(2) $(3x+y+1)^2+(x-y+3)^2=0$

↳**26** 実数の性質を利用する。

POINTS 2 参照。

27 次の方程式を解け。

□(1) $|x-1|=3$

□(2) $|2x+3|=2$

□(3) $|x+3|=2x$

↳**27** 場合分けによって，絶対値記号をはずしてから解く。

$|a|=\begin{cases} a & (a \geqq 0) \\ -a & (a<0) \end{cases}$

POINTS 3 参照。

(3)(i) $x+3 \geqq 0$ のときと，(ii) $x+3<0$ のときの2通りに分けて考える。

28 $\sqrt{x^2-2x+1}-\sqrt{x^2+4x+4}$ を次の場合について，簡単にせよ。

□(1) $x<-2$ のとき

□(2) $-2 \leqq x<1$ のとき

↳**28** a を実数とするとき，

$\sqrt{a^2}=|a|$

7 根号を含む式の計算

解答 ▸ 別冊P.5

POINTS

1 平方根の性質

$\sqrt{a^2}=|a|$

2 平方根の積と商

$a>0$, $b>0$, $k>0$ のとき,

$\sqrt{a}\sqrt{b}=\sqrt{ab}$, $\dfrac{\sqrt{a}}{\sqrt{b}}=\sqrt{\dfrac{a}{b}}$, $\sqrt{k^2a}=k\sqrt{a}$

3 分母の有理化

分母に根号を含む式に，分母と分子に適当な数や式をかけることによって，分母に根号のない式に変形することを**分母を有理化する**という。

Check

29 次の式を計算せよ。

↳ 29 POINTS 2 参照。

□(1) $\sqrt{75}-\sqrt{\dfrac{3}{16}}+\sqrt{\dfrac{27}{49}}$　　□(2) $(3\sqrt{2}+2\sqrt{3})(5\sqrt{2}-2\sqrt{3})$

□(3) $\dfrac{\sqrt{3}+\sqrt{2}}{\sqrt{6}-2}$　　□(4) $\dfrac{\sqrt{3}}{\sqrt{6}+\sqrt{3}}-\dfrac{\sqrt{2}}{\sqrt{6}-\sqrt{3}}$

(3)(4)分母を有理化する。

$\dfrac{1}{\sqrt{a}+\sqrt{b}}$

$=\dfrac{\sqrt{a}-\sqrt{b}}{(\sqrt{a}+\sqrt{b})(\sqrt{a}-\sqrt{b})}$

$=\dfrac{\sqrt{a}-\sqrt{b}}{a-b}$

30 次の式を計算せよ。

↳ 30 乗法公式を利用する。

(1) $(a+b)^2=a^2+2ab+b^2$

□(1) $(\sqrt{2}+\sqrt{5})^2$

□(2) $(1+\sqrt{2}+\sqrt{5})(1+\sqrt{2}-\sqrt{5})$

(2) $(a+b)(a-b)=a^2-b^2$

31 $x=\dfrac{\sqrt{3}-\sqrt{2}}{\sqrt{3}+\sqrt{2}}$, $y=\dfrac{\sqrt{3}+\sqrt{2}}{\sqrt{3}-\sqrt{2}}$ のとき，次の式の値を求めよ。

□(1) $x+y$　　　□(2) xy

□(3) x^2+y^2　　　□(4) x^3+y^3

↳ **31** (1)そのまま代入する。

(3)(4) (1)(2)の結果を利用できる形に変形する。

32 次の問いに答えよ。

□(1) $\dfrac{135}{2\sqrt{38}+\sqrt{17}}$ を簡単にせよ。

□(2) $2\sqrt{17}$ と $\dfrac{135}{2\sqrt{38}+\sqrt{17}}$ の大小を調べよ。

↳ **32** (1) POINTS 3 参照。

(2) 2 数の差を調べてみる。

□ **33** $\dfrac{2}{3-\sqrt{7}}$ の整数部分を a，小数部分を b とするとき，a^2+b^2 の値を求めよ。

↳ **33** まず，$\dfrac{2}{3-\sqrt{7}}$ の分母を有理化する。

8 1次不等式

解答▸別冊P.6

POINTS

1 不等式の性質

① $a<b$ ならば，$\boldsymbol{a+c<b+c}$，$\boldsymbol{a-c<b-c}$

② $a<b$，$c>0$ ならば，$\boldsymbol{ac<bc}$，$\boldsymbol{\dfrac{a}{c}<\dfrac{b}{c}}$

③ $a<b$，$c<0$ ならば，$\boldsymbol{ac>bc}$，$\boldsymbol{\dfrac{a}{c}>\dfrac{b}{c}}$

2 連立不等式

不等式 $A<B<C$ は，$\begin{cases}A<B\\B<C\end{cases}$ を解けばよい。

3 不等式を利用した問題の解き方

① 求める数を x とおき，不等式をつくる。

② x の変域に注意して，不等式を解く。

③ 得られた解が問題に適しているか調べる。

4 絶対値を含む不等式の解法

場合分けによって，絶対値記号をはずしてから不等式を解く。

$$|\boldsymbol{a}|=\begin{cases}\boldsymbol{a} & (a\geqq 0 \text{ のとき})\\ -\boldsymbol{a} & (a<0 \text{ のとき})\end{cases}$$

34 次の不等式を解け。

□(1) $2x<4-2x$　　□(2) $0.1x-0.2\geqq 0.4x-0.7$

□(3) $3(2x-3)\leqq-(1-x)$　　□(4) $\dfrac{2x-5}{3}<\dfrac{x+7}{2}-x$

Check

↳34 不等式の性質を利用して，不等式を $x<\alpha$，$x\leqq\alpha$，$x>\alpha$，$x\geqq\alpha$ の形に変形する。

POINTS 1 参照。

35 次の連立不等式を解け。

□(1) $\begin{cases} 2x-1 \leqq \dfrac{x+7}{3} \\ 2x+5 \geqq 3x+4 \end{cases}$　　□(2) $-5x<2(x-5)<x-7$

↳ 35 (1) 2つの不等式を同時に満たす x の値の範囲を求める。
(2) POINTS 2 参照。

□ **36** ある動物園の入場料は1人300円である。しかし，20人以上の団体で入場すると，1人あたりの入場料は200円となる。20人未満の人数であっても，20人の団体として入場するほうが入場料が安くなるのは，何人以上の場合か。

↳ 36 求める人数を x 人として，不等式をつくる。
POINTS 3 参照。

37 次の不等式を解け。

□(1) $|x-2| \geqq 3$　　□(2) $|3x-1|<2x$

↳ 37 POINTS 4 参照。
(2)場合分けして絶対値記号をはずしてから，不等式を解く。

9 集合

解答▸別冊P.6

POINTS

1 集合

① 部分集合 $A \subset B$ ② 共通部分 $A \cap B$ ③ 和集合 $A \cup B$ ④ 補集合 $\overline{A}$

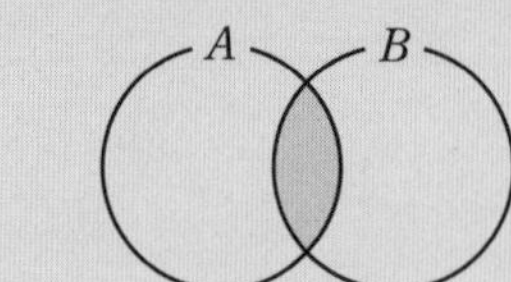

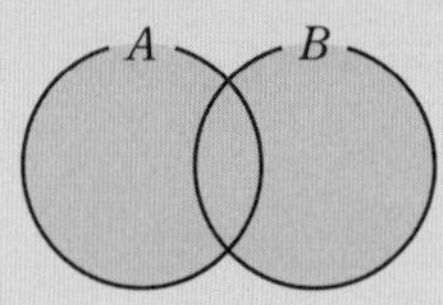

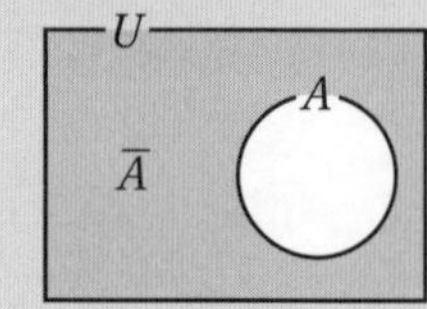

U は全体集合

⑤ 要素が1つもない集合を**空集合**といい，$\varnothing$ で表す。

2 ド・モルガンの法則

$\overline{A \cup B} = \overline{A} \cap \overline{B}$ $\overline{A \cap B} = \overline{A} \cup \overline{B}$

38 次の集合を要素を書き並べる方法で表せ。

□(1) $A = \{x \mid 10$ 以下の素数$\}$

□(2) $B = \{3k \mid k$ は 5 以上 10 以下の偶数$\}$

□(3) $C = \{y \mid y$ は 15 の正の約数$\}$

39 次の集合を要素の条件を書く方法で表せ。

□(1) $A = \{2, 4, 6, 8, 10\}$

□(2) $B = \{1, 4, 9, 16, 25, 36, 49\}$

Check

↳ 38 (1)素数とは，1とその数自身以外に約数をもたない1以外の正の整数である。

↳ 39 (1) A の要素はすべて偶数である。

(2) B の要素はすべて n^2 の形に表される。

40 全体集合 $U=\{1,\ 2,\ 3,\ 4,\ \cdots\cdots,\ 14,\ 15\}$ の部分集合
$A=\{1,\ 3,\ 5,\ 7,\ 9,\ 11,\ 13,\ 15\}$，$B=\{3,\ 6,\ 9,\ 12,\ 15\}$
について，次の集合を求めよ。

□(1) $A\cup B$　　□(2) $A\cap B$

□(3) $\overline{A}$　　□(4) $\overline{A}\cup\overline{B}$

□(5) $\overline{A}\cap\overline{B}$　　□(6) $A\cap\overline{A}$

↳ **40** 集合の関係を図に表して考えてみるとよい。

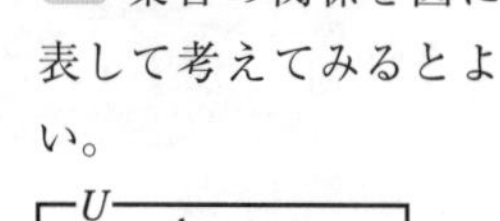

(4)(5)ド・モルガンの法則を利用する。

(6)要素が1つもない集合の表し方。
POINTS 1 参照。

□ **41** 2つの集合 $A=\{x\,|\,x\geqq 3\}$，$B=\{x\,|\,2x-1\geqq a\}$
について $A\supset B$ が成り立つとき，a の値の範囲を求めよ。

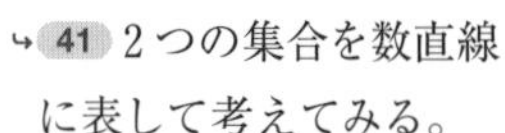
↳ **41** 2つの集合を数直線に表して考えてみる。

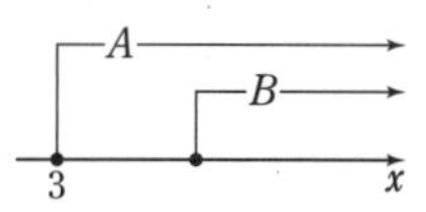

42 3つの集合 $A=\{-1,\ 3,\ 7,\ 9\}$，$B=\{-1,\ 2,\ 5\}$，
$C=\{-5,\ -1,\ 3\}$ について，次の集合を求めよ。

□(1) $A\cap B\cap C$　　□(2) $(A\cap C)\cup B$

↳ **42** 下の図に数を書き入れてみる。

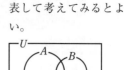

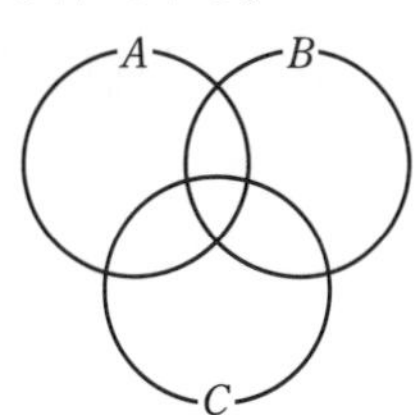

10 命　題

解答▸別冊P.7

POINTS

1 命題と集合

① 「p ならば q」という命題を $\boldsymbol{p \Longrightarrow q}$ と表す。また「$p \Longrightarrow q$ かつ $q \Longrightarrow p$」を $\boldsymbol{p \Longleftrightarrow q}$ と表す。

② 全体集合を U とする命題「$p \Longrightarrow q$」において，条件 p，q を満たす U の部分集合を，それぞれ P，Q とする。

「$p \Longrightarrow q$」が真であることと，$P \subset Q$ は同値である。

「$p \Longleftrightarrow q$」が真であることと，$P = Q$ は同値である。

2 反　例

命題「$p \Longrightarrow q$」が**偽**(ぎ)であることを示すには，**反例**をあげる。反例とは，全体集合 U の中で条件 p を満たすが，条件 q を満たさない要素のことで，反例は1つあげればよい。

3 否　定

条件 p について，「p でない」を p の**否定**といい，$\overline{p}$ で表す。

$\overline{p \text{ かつ } q} \Longleftrightarrow \overline{p} \text{ または } \overline{q}$　　$\overline{p \text{ または } q} \Longleftrightarrow \overline{p} \text{ かつ } \overline{q}$

43 次の命題の真偽を調べよ。ただし，文字は実数とする。

□(1) $a^2+b^2=0$ ならば，$a-b=0$

□(2) $a>b$ ならば，$a^2>b^2$

□(3) $a+b$ が整数ならば，a と b はともに整数である。

Check

↳43 POINTS 2 参照。
真であることを示すには証明をして，偽であることを示すには反例をあげる。

44 次の条件の否定をいえ。ただし，n は整数，x，y，z は実数とする。

↳ 44 POINTS 3 参照。

□(1) 整数 n は，0 または奇数である。

□(2) $x>2$ かつ $y \leqq 3$

□(3) x，y，z の少なくとも 1 つは 0 である。

(3)「3 つのうち少なくとも 1 つが 0」とは，1 つだけが 0，2 つだけが 0，3 つとも 0 の場合がある。

□(4) $x=y=z=1$

45 次の □ の中に，「かつ」か「または」を入れよ。ただし，x と y は実数とする。

□(1) $x^2=1 \iff x=1$ □ $x=-1$

□(2) $x^2+y^2 \neq 0 \iff x \neq 0$ □ $y \neq 0$

↳ 45 (2)「$x^2+y^2 \neq 0$」は「$x^2+y^2=0$」の否定である。

□(3) $xy>0 \iff (x>0$ □ $y>0)$ □ $(x<0$ □ $y<0)$

第1章 第2章 第3章 第4章 第5章

11 命題と条件

解答 ▸ 別冊P.7

POINTS

1 必要条件と十分条件

命題「$p \Longrightarrow q$」が真であるとき，
q は p であるための**必要条件**である
p は q であるための**十分条件**である
という。

$p \Longrightarrow q$
十分条件　　必要条件

2 同　値

2つの命題「$p \Longrightarrow q$」と「$q \Longrightarrow p$」がともに真であるとき，つまり「$p \Longleftrightarrow q$」が真であるとき，q は p であるための**必要十分条件**であるという。このとき，p は q であるための必要十分条件でもあり，p と q は**同値**であるという。

46 次の □ の中に，下の**ア**，**イ**，**ウ**，**エ**のうち，最も適するものを入れよ。ただし，小文字はすべて実数である。

ア：必要条件であるが十分条件ではない。

イ：十分条件であるが必要条件ではない。

ウ：必要十分条件である。

エ：必要条件でも十分条件でもない。

Check
46 POINTS 1，2 参照。
$p \Longrightarrow q$，$q \Longrightarrow p$ の真偽をそれぞれ調べる。

□(1)　$x=3$ は，$x^2=3x$ であるための □

□(2)　$a^2=b^2$ は，$a=b$ であるための □

□(3)　$(x-1)^2+(y-1)^2=0$ は，$x=y=1$ であるための □

□(4)　△ABC において，∠A＜90° は △ABC が鋭角三角形であるための □

47 次の □ の中に，下の**ア**，**イ**，**ウ**，**エ**のうち，最も適するものを入れよ。ただし，小文字はすべて実数である。

↳47 POINTS 1，2 参照。

ア：必要条件であるが十分条件ではない。

イ：十分条件であるが必要条件ではない。

ウ：必要十分条件である。

エ：必要条件でも十分条件でもない。

□(1) $a+b$ と $a-b$ がともに奇数であることは，a と b がともに整数であるための □

□(2) $a>1$ かつ $b>1$ は，$a+b>2$ かつ $(a-1)(b-1)>0$ であるための □

(2) $(a-1)(b-1)>0$ は，$a>1$ かつ $b>1$，$a<1$ かつ $b<1$ と同値である。

□(3) $\dfrac{1}{x}<1$ は，$x>1$ であるための □

(3) $\dfrac{1}{x}<1$ を満たす x を考えるときは，$x>0$ と $x<0$ に分けて考える。

□(4) $(x-1)(y-1)(z-1)=0$ は，$x=y=z=1$ であるための □

□(5) $(x-1)^2+(y-1)^2+(z-1)^2=0$ は，$x=y=z=1$ であるための □

□(6) $a^2+b^2>0$ は，$a=0$ または $b=0$ であるための □

12 命題とその逆・裏・対偶

解答▸別冊P.8

POINTS

1 逆・裏・対偶

命題「$p \Longrightarrow q$」に対して，

$q \Longrightarrow p$ を，**逆**

$\overline{p} \Longrightarrow \overline{q}$ を，**裏**

$\overline{q} \Longrightarrow \overline{p}$ を，**対偶**

という。

$p \Rightarrow q$	← 逆 →	$q \Rightarrow p$
↑ 裏 ↓	↖ ↗ 対偶 ↙ ↘	↑ 裏 ↓
$\overline{p} \Rightarrow \overline{q}$	← 逆 →	$\overline{q} \Rightarrow \overline{p}$

2 命題の真偽(しんぎ)

命題とその対偶は，真偽が一致(いっち)する。逆と裏も，真偽が一致する。しかし，命題とその逆とは，真偽が一致するとは限らない。

48 次の命題の逆，裏，対偶をいい，その真偽を答えよ。ただし，a，b は実数とする。

□(1) $a=b \Longrightarrow a^2+b^2=2ab$

□(2) $a^2 \neq b^2 \Longrightarrow a \neq b$

□(3) $(a-2)^2+(b-1)^2 \neq 0 \Longrightarrow a \neq 2$ または $b \neq 1$

Check

48 POINTS 1，2 参照。

命題とその対偶は真偽が一致するから，判断しやすいほうで考える。逆と裏も同様。

偽の場合は反例を書いておく。

49 次の命題の真偽を答えよ。またその命題の逆，裏，対偶をいい，その真偽を答えよ。

↳ 49 POINTS 1，2 参照。
偽の場合には反例をそえておく。

□(1) a，x，y が実数であるとき，

$x<y \Longrightarrow a^2x<a^2y$

□(2) x，y が実数であるとき，

$x \geqq 1$ かつ $y \geqq 2 \Longrightarrow x+y \geqq 3$

□(3) a，b，c が自然数であるとき，

abc が偶数 $\Longrightarrow$ a，b，c のうち少なくとも 1 つは偶数

(3)「a，b，c のうち少なくとも 1 つは偶数」の否定は「a，b，c のすべてが奇数」である。

第1章 第2章 第3章 第4章 第5章

⑬ 命題と証明

解答 ▸ 別冊P.8

POINTS

1 対偶による証明

命題を証明するには，その対偶を証明してもよい。

2 背理法

ある命題を証明するのに，その命題が成り立たないと仮定して矛盾（むじゅん）を導く証明法を，**背理法**という。

50 対偶を考えて，次の命題を証明せよ。

□(1) 整数 n について，n^2 が奇数ならば，n は奇数である。

Check

↳ 50 POINTS 1 参照。もとの命題と対偶は真偽が一致するから，対偶が真であることを示す。

□(2) x，y を実数とするとき，

$xy \leqq 1$ ならば，$x \leqq 1$ または $y \leqq 1$ である。

□ **51** $\sqrt{6}$ が無理数であることを証明せよ。

↳ 51 無理数は，実数のうち，有理数でない数のこと。有理数は，整数 m と0でない整数 n に対して，$\dfrac{m}{n}$ の形に表せる数である。
POINTS 2 参照。

52 $\sqrt{2}$ を無理数とするとき，次の問いに答えよ。

□(1) a，b が有理数で，$a+b\sqrt{2}=0$ ならば，$a=b=0$ であることを証明せよ。

↳ **52** (1) b が 0 でないと仮定して，背理法を利用する。

□(2) a，b を有理数とする。$x^2+ax+b=0$ の 1 つの解が $1+\sqrt{2}$ であるとき，a，b の値を求めよ。

(2) (1)を利用する。

53 次のことを証明せよ。

□(1) 有理数と無理数の和は無理数である。

↳ **53** 有理数を a，無理数を p として，その和や積が有理数 r であると仮定する。

□(2) 0 でない有理数と無理数の積は無理数である。

14 関数とグラフ

解答 ▸ 別冊P.9

POINTS

1 関　数

2つの変数x，yについて，xの値が決まるとそれに対応するyの値がただ1つ決まるとき，yはxの**関数**であるという。yがxの関数であることを $\boldsymbol{y=f(x)}$ と表し，$x=a$ のときのyの値を $\boldsymbol{f(a)}$ で表す。

2 関数とグラフ

関数 $y=f(x)$ について，$y=f(x)$ を満たす点 $(x,\ y)$ 全体でつくられる図形をその**関数のグラフ**という。

y
1
−1 O 1 x

y
2
O 2 x

3 関数の最大・最小

関数の値域や最大値・最小値を求めるときは，その関数のグラフを用いて考えるとよい。

Check

54 関数 $f(x)=x^2-2x$ について，次の問いに答えよ。

□(1) $f(1)$，$f(-2)$，$f\left(\dfrac{1}{2}\right)$ の値をそれぞれ求めよ。

↳**54** 関数 $y=f(x)$ について$f(a)$は $x=a$ のときのyの値のことである。

□(2) $f(a-1)-f(a+1)$ を計算せよ。

(2) $f(a-1)$ は $x=a-1$ を代入したときの関数の値である。

55 関数 $y=2x-1$ $(-1\leqq x<3)$ について，次の問いに答えよ。

□(1) 右の図にグラフをかけ。

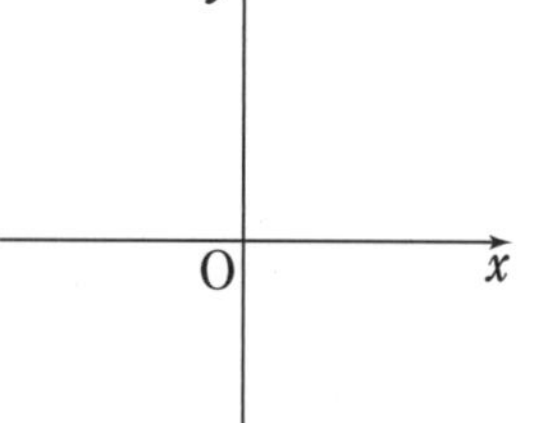

□(2) 値域を求めよ。

↳**55** (2) xの変域を定義域，yの変域を値域という。

□(3) この関数の最大値と最小値があれば，それを求めよ。

□(4) グラフ上のx座標とy座標がともに整数である点のうち，第1象限にあるものを答えよ。

(4)
y
第2象限　第1象限
O　x
第3象限　第4象限

軸上の点はどの象限にも属さない。

56 次の関数のグラフをかけ。

□(1) $y=|x+1|$

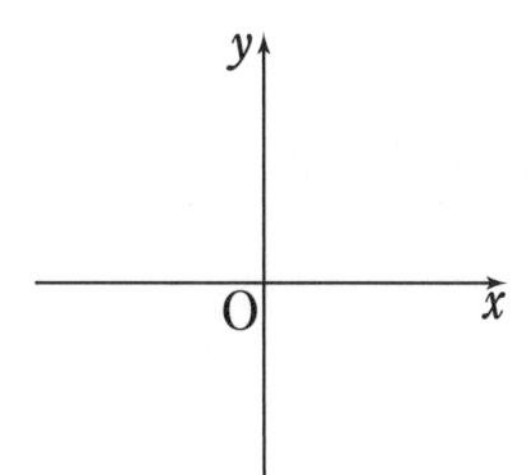

□(2) $y=x|x|$

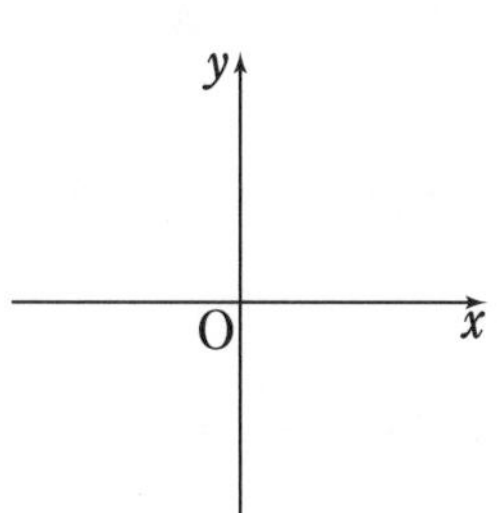

↳**56** 絶対値を含む関数については，
・$A\geqq 0$ のとき，
$|A|=A$
・$A<0$ のとき，
$|A|=-A$
に注意する。

第1章 第2章 第3章 第4章 第5章

57 関数 $y=2|x+1|+|x-3|$ について，次の問いに答えよ。

□(1) 右の図にグラフをかけ。

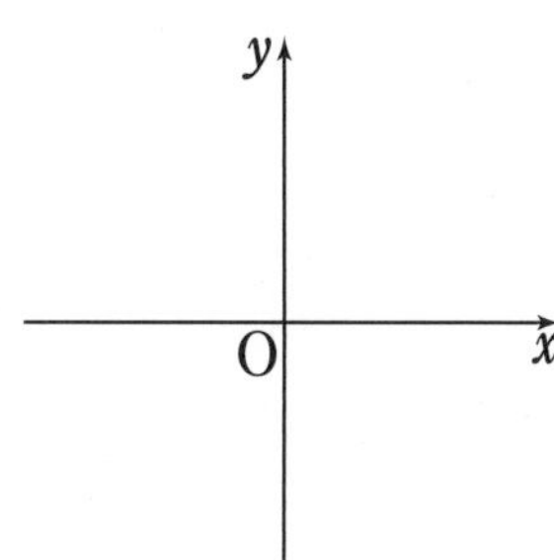

↳**57** (1) $x<-1$，$-1\leqq x<3$，$3\leqq x$ の 3 つの場合について，それぞれグラフに表す。

□(2) この関数の最小値を求めよ。

(2)グラフから y の最小の値を求める。

□(3) グラフを利用して，不等式 $2|x+1|+|x-3|\geqq 5$ を解け。

(3)グラフにおいて，$y\geqq 5$ となる x の値の範囲を求めればよい。

⑮ 2次関数のグラフ

解答 ▸ 別冊P.10

POINTS

1 **$y=ax^2$ のグラフ**

$a>0$ のとき下に凸，$a<0$ のとき上に凸の放物線で，頂点は原点，軸は y 軸。

2 **$y=a(x-p)^2+q$ のグラフ**

$y=ax^2$ のグラフを x 軸方向に p，y 軸方向に q だけ平行移動した放物線で，頂点は点 $(p,\ q)$，軸は直線 $x=p$

3 **$y=ax^2+bx+c$ のグラフ**

$y=a(x-p)^2+q$ の形に変形してからグラフをかく。

58 次の2次関数のグラフをかけ。また，軸と頂点を求めよ。

□(1) $y=\frac{1}{2}x^2$

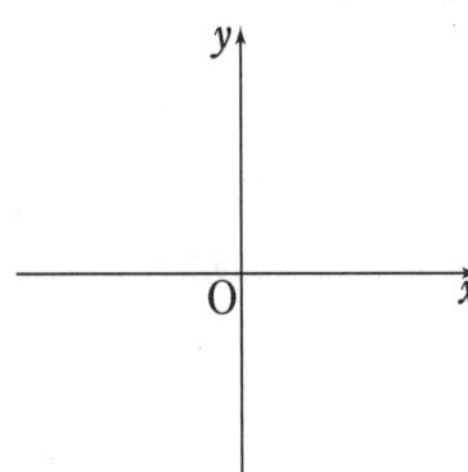

□(2) $y=2(x-1)^2$

□(3) $y=-(x-1)^2-2$

□(4) $y=x^2+4x+4$

□(5) $y=2x^2-8x+9$

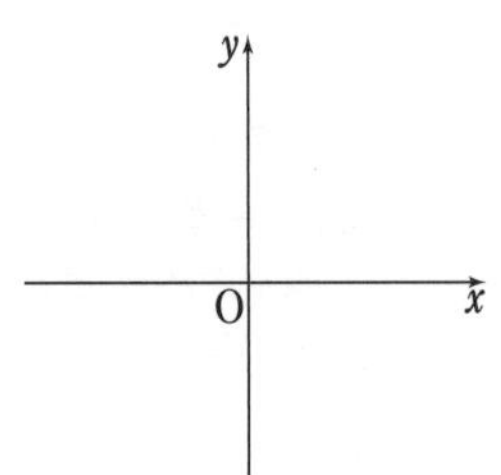

□(6) $y=-\frac{1}{3}x^2+2x-2$

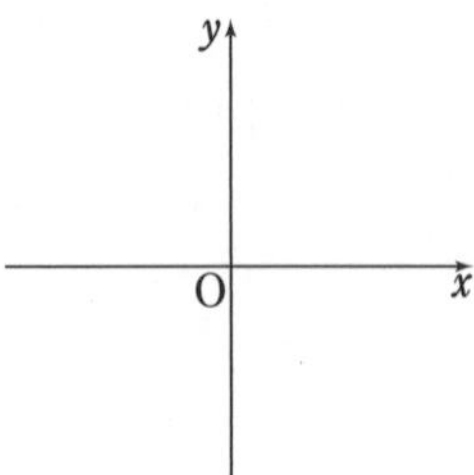

Check

↳ **58** 2次関数のグラフは，次のようにしてかくとよい。

①頂点をとる。

②頂点の前後の点を記入する。(x 座標と y 座標がともに整数になる点を選ぶとよい。)

③軸に関して左右対称になるように，放物線をなめらかにえがく。

(4)〜(6)それぞれの式を $y=a(x-p)^2+q$ の形に変形してから，グラフをかく。

59 次の関数のグラフを x 軸方向に 3，y 軸方向に -2 だけ平行移動したとき，それをグラフとする関数を $y=ax^2+bx+c$ の形で表せ。

59 頂点を平行移動させて考えてみる。

□(1) $y=3x^2$

□(2) $y=(x-1)^2+4$

□(3) $y=2x^2+4x-1$

□(4) $y=-x^2-6x-1$

(3)(4)頂点がわかる形 $y=a(x-p)^2+q$ に変形してから考える。

60 2 次関数 $y=x^2+4x+5$ のグラフを次のように移動させたとき，それをグラフとする関数を $y=ax^2+bx+c$ の形で表せ。

60 最初に頂点を移動させて，その後，グラフの向き（上に凸，下に凸）について考える。

□(1) x 軸に関して対称移動

□(2) 原点に関して対称移動

16 2次関数の最大・最小 ①

解答 ▸ 別冊P.10

POINTS

1 2次関数 $y=a(x-p)^2+q$ の最大・最小

① $a>0$ のとき，$x=p$ で最小値 q をとり，最大値はない。

② $a<0$ のとき，$x=p$ で最大値 q をとり，最小値はない。

Check

□ **61** 次の □ にあてはまる数や式を求めよ。

2次関数 $y=x^2-6x+1$ は $y=$ [①] と変形できるので，そのグラフは頂点の座標が [②] で，下に凸の放物線である。

よって，グラフは右の図のようになり，この関数は $x \leqq$ [③] で減少，$x \geqq$ [④] で増加するから，

$x=$ [⑤] で最小値 [⑥] をとり，最大値はない。

↳ **61** 2次関数の最大・最小はグラフを利用して考えるので，与えられた式を，頂点がわかる形に変形する。POINTS 1 参照。

62 次の2次関数の最大値と最小値を求めよ。

□(1) $y=(x+1)^2+4$　　□(2) $y=3x^2+9x-2$

□(3) $y=-2x^2+x-3$　　□(4) $y=2(x+1)(x-3)$

↳ **62** グラフの頂点がわかるように，$y=a(x-p)^2+q$ の形に変形する。

□ **63** $2x-y=1$ のとき，$4x^2-3y^2$ の最大値を求めよ。

↳**63** $y=2x-1$ を与式に代入して，x についての2次関数として考える。

64 x の2次関数 $y=x^2-2ax+a-1$ について，次の問いに答えよ。

□(1) y の最小値を k とするとき，k を a の式で表せ。

□(2) k の最大値と，そのときの a の値を求めよ。

↳**64** $y=(x-p)^2+q$ と変形すると，$x=p$ のとき y の最小値は q になる。

第1章 第2章 第3章 第4章 第5章

17 2次関数の最大・最小 ②

解答 ▸ 別冊P.11

POINTS

1 定義域に制限がある2次関数の最大・最小

$y=f(x)=a(x-p)^2+q$ $(x_1 \leqq x \leqq x_2)$ の最大・最小について，

① 頂点が $x_1 \leqq x \leqq x_2$ の範囲にあるとき
頂点の y 座標 q と，定義域の両端の値 $f(x_1)$，$f(x_2)$ の大小を調べる。

② 頂点が $x_1 \leqq x \leqq x_2$ の範囲にないとき
定義域の両端の値 $f(x_1)$，$f(x_2)$ の大小を調べる。

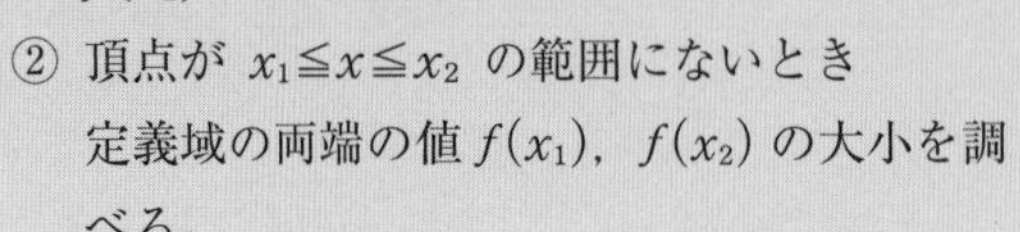

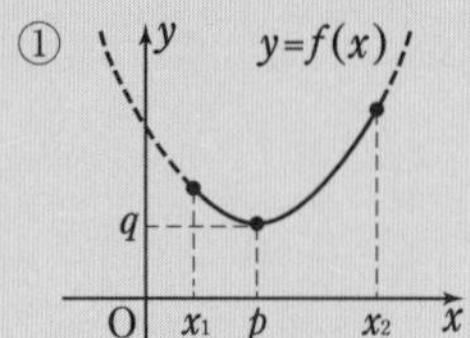

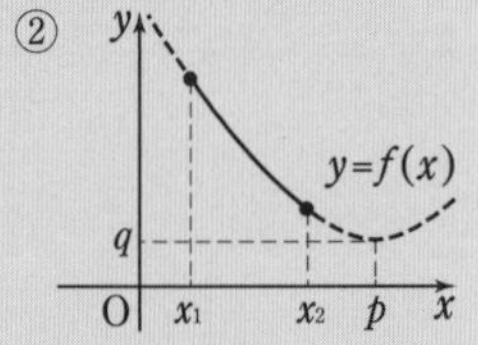

65 次の2次関数の最大値と最小値を求めよ。

□(1) $y=2(x+1)^2+4$ $(-2 \leqq x \leqq 1)$

□(2) $y=-x^2+3x$ $(-1 \leqq x \leqq 1)$

□ **66** 2次関数 $y=x^2-2x+m$ $(0 \leqq x \leqq 3)$ の最大値と最小値を求めよ。ただし，m は定数とする。

Check

↳ **65** グラフをかいて判断する。特に，
・頂点が定義域に入っているか
・グラフが上に凸か，下に凸か
という点に注意する。グラフの対称性も利用してみるとよい。
(1) POINTS 1-① 参照。
(2) POINTS 1-② 参照。

↳ **66** 最大値については，$x=0$ と $x=3$ のときの y の値の大小を比べる。

□ **67** $x \geqq 0$, $y \geqq 0$, $x+y=2$ であるとき, $2x^2-y^2+1$ の最大値と最小値を求めよ。

↳ **67** $y=-x+2$ を与式に代入して, x についての 2 次関数として考える。その際, x の値の範囲に注意すること。

□ **68** a を定数として, 2 次関数 $y=-x^2+2ax+3$ $(-2 \leqq x \leqq 1)$ の最大値を求めよ。

↳ **68** 頂点が定義域に入っている場合とそうでない場合に分けて考える。

18 2次関数の決定

解答 ▸ 別冊P.11

POINTS

1 2次関数の決定

① グラフの頂点の座標が $(p,\ q)$ であるとき，　$y=a(x-p)^2+q$

② グラフが通る3点がわかっているとき，　$y=ax^2+bx+c$

③ グラフと x 軸との交点の座標が $(\alpha,\ 0)$，$(\beta,\ 0)$ であるとき，　$y=a(x-\alpha)(x-\beta)$

69 次の条件を満たす2次関数を求めよ。

□(1) グラフの頂点の座標が $(2,\ 1)$ で，点 $(1,\ 3)$ を通る。

□(2) グラフの軸が直線 $x=1$ で，2点 $(2,\ -5)$，$(3,\ -2)$ を通る。

□(3) グラフが3点 $(1,\ -5)$，$(-1,\ 7)$，$(0,\ -2)$ を通る。

□(4) グラフと x 軸との交点が $(3,\ 0)$，$(-1,\ 0)$ で，点 $(5,\ 6)$ を通る。

Check

↳ 69 与えられた条件から，2次関数の表し方を適切に選ぶ。

(1) POINTS 1-① 参照。

(2) POINTS 1-① 参照。

(3) POINTS 1-② 参照。

(4) POINTS 1-③ 参照。

□ **70** 2つの2次関数 $y=x^2-2x+4$, $y=-2x^2+bx+c$ のグラフの頂点が一致するとき，b と c の値を求めよ。

↳ **70** 頂点の座標がわかる形に変形する。

□ **71** グラフの頂点が直線 $y=x+1$ 上にあり，2点 $(0,\ -5)$, $(3,\ 1)$ を通るとき，この2次関数を求めよ。

↳ **71** 頂点の座標は，$(t,\ t+1)$ とおくことができる。

POINTS 1-①参照。

□ **72** 頂点の座標が $(2,\ -3)$ で，x 軸から長さ6の線分を切り取る放物線をグラフとする2次関数を求めよ。

↳ **72** グラフの対称性から x 軸と放物線の交点の座標がわかる。

POINTS 1-③参照。

19 2次関数の利用

解答 ▸ 別冊P.12

POINTS

1 2次関数の利用

変化する2つの数量 x，y について，y が x の2次関数であるとき，その数量の変化のようすや最大・最小の問題は，グラフを利用して考えるとよい。その際，変数の変域に注意する。

Check

73 放物線は，軸に関して左右対称である。

73 右の図のように，放物線 $y=-x^2+4x$ と x 軸とで囲まれた部分に，長方形ABCDが内接している。
頂点Aの座標を $A(t, 0)$ とするとき，次の問いに答えよ。

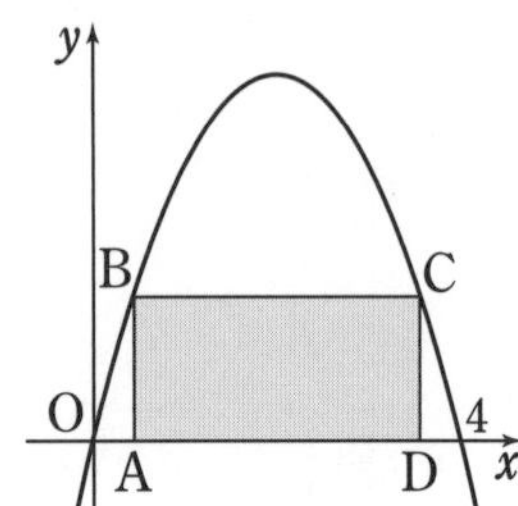

□(1) t の値の範囲を求めよ。

□(2) 頂点Cの座標を t を用いて表せ。

□(3) 長方形ABCDの周の長さを y とするとき，y を t の式で表せ。

□(4) y の値が最大となるときの t の値を求めよ。

74 長さ 40 cm の針金を使って，いろいろな図形を作る。このとき，次の問いに答えよ。

⤷ 74 辺 BC の長さは $(20-x)$ cm と表される。

(1) 右の図のように，針金を 3 か所で折り曲げて長方形 ABCD を作る。辺 AB の長さを x cm とするとき，次の問いに答えよ。

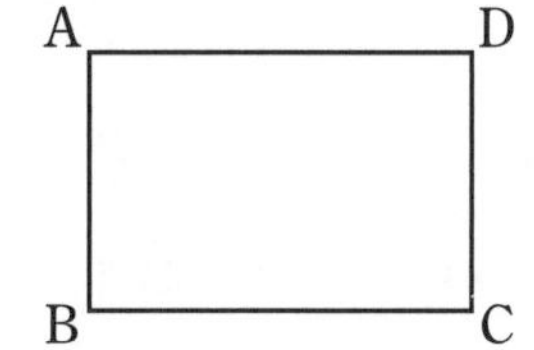

□① x の値の範囲を求めよ。

□② 長方形 ABCD の面積を y cm^2 とするとき，y を x の式で表せ。

□③ 長方形 ABCD の面積を最大にするには，針金をどのように折り曲げればよいか。

□(2) 同じ針金を 2 か所で折り曲げて，壁を利用して，右の図のように長方形を作る。この長方形の面積を最大にするには，針金をどのように折り曲げればよいか。

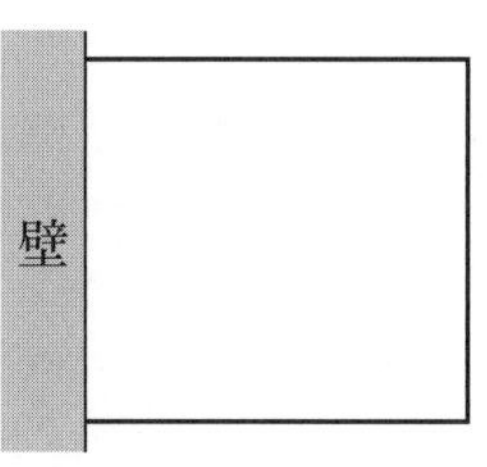

20 2次方程式

解答▸別冊P.12

POINTS

1 因数分解による解法

2次方程式 $(ax+b)(cx+d)=0$ の解は，　$x=-\dfrac{b}{a},\ -\dfrac{d}{c}$

2 解の公式

2次方程式 $ax^2+bx+c=0$ の解は，　$x=\dfrac{-b\pm\sqrt{b^2-4ac}}{2a}$（ただし，$b^2-4ac\geqq 0$）

特に $b=2b'$ のときは，　$x=\dfrac{-b'\pm\sqrt{b'^2-ac}}{a}$

3 2次方程式の実数解の個数

2次方程式 $ax^2+bx+c=0$ の**実数解**の個数について，判別式 D の値を調べる。

$D=b^2-4ac>0 \iff$ 異なる2つの実数解をもつ

$D=b^2-4ac=0 \iff$ ただ1つの実数解（**重解**）をもつ

$D=b^2-4ac<0 \iff$ 実数解をもたない

75 次の2次方程式を解け。

□(1) $(x-2)(x+5)=0$　　□(2) $x^2+5x+6=0$

□(3) $x^2-12x+36=0$　　□(4) $4x^2-4x-3=0$

76 次の2次方程式を解け。

□(1) $x^2+5x+2=0$　　□(2) $3x^2-7x-1=0$

□(3) $3x^2+6x-1=0$　　□(4) $x^2-2\sqrt{3}x-2=0$

□(5) $4x^2-x+2=0$

Check

↳75 左辺を因数分解してから，解を求める。POINTS 1 参照。

↳76 左辺が因数分解できないときは，解の公式を利用する。POINTS 2 参照。

(5) $b^2-4ac<0$ のときは，2次方程式は実数解をもたない。

77 次の問いに答えよ。

□(1) 2 次方程式 $x^2-5x+m-2=0$ が異なる 2 つの実数解をもつとき，m の値の範囲を求めよ。

□(2) 2 次方程式 $2x^2+2mx+3m+8=0$ が重解をもつように m の値を定めよ。また，そのときの方程式の解を求めよ。

↳ **77** 2 次方程式の解の個数は判別式の値の符号を調べればよい。

POINTS 3 参照。

78 次の方程式について，下の問いに答えよ。

$(x^2-x)^2-14(x^2-x)+24=0$ ……①

□(1) 方程式①において $x^2-x=t$ としたとき，t の値を求めよ。

□(2) 方程式①を満たす x を求めよ。

↳ **78** $x^2-x=t$ とすると，①は t についての 2 次方程式となる。

□ **79** 縦が 15 m，横が 18 m である長方形の土地に，右の図のように同じ幅の道をつけたところ，道の部分を除いた土地の面積が 180 m^2 になった。このとき，道の幅を求めよ。

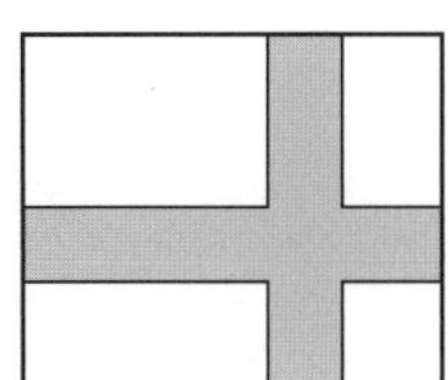

↳ **79** 道の幅を x m として，2 次方程式をつくる。

21 2次関数と2次方程式

解答 ▸ 別冊P.13

POINTS

1 2次関数のグラフと2次方程式の解

2次関数の式を $y=ax^2+bx+c$ とすると，$a>0$ のときのグラフと，x 軸との位置関係や2次方程式 $ax^2+bx+c=0$ の解は，次のようにまとめられる。

b^2-4ac の符号	$y=ax^2+bx+c$ のグラフ	グラフと x 軸との位置関係	$ax^2+bx+c=0$ の実数解
$b^2-4ac>0$	α β x	**異なる2点で交わる**	$x=\alpha,\ \beta$
$b^2-4ac=0$	α x	**接する**	$x=\alpha$
$b^2-4ac<0$	x	**共有点はない**	**実数解はない**

80 次の2次関数のグラフをかき，グラフと x 軸との共有点の個数を調べよ。共有点があるときは，その x 座標も求めよ。

□(1) $y=x^2-4x-12$

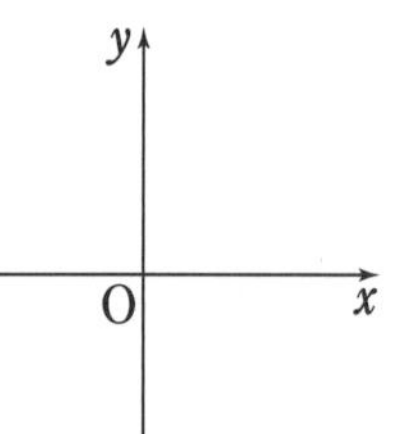

□(2) $y=4x^2-4x+1$

y O x

□(3) $y=x^2+6x+10$

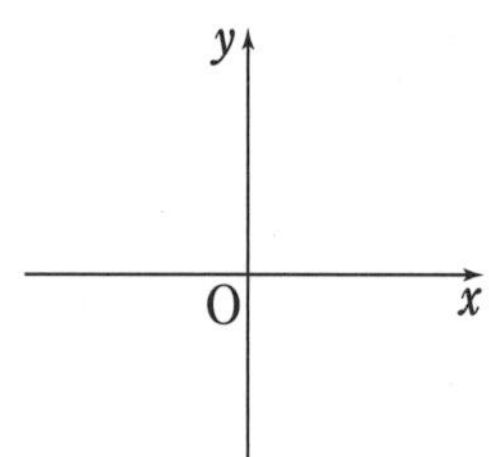

□(4) $y=-2x^2+12x-18$

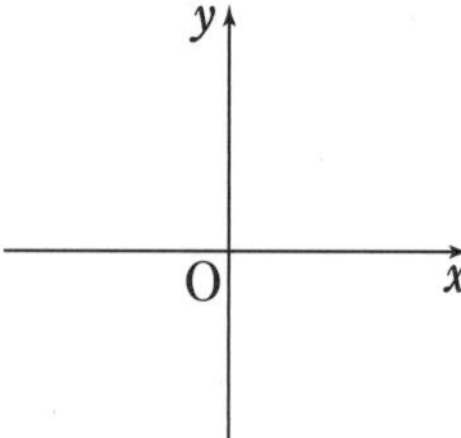

Check

↳ **80** 頂点と x 軸との位置関係から，共有点の個数を考える。
また，b^2-4ac の符号から，その個数を求めることもできる。
POINTS 1 参照。

□ **81** 2 次関数 $y=x^2+6x-k$ のグラフが x 軸と接するように，k の値を定めよ。また，接点の座標も求めよ。

↳ **81** $b^2-4ac=0$ となればよい。このとき，頂点の y 座標は 0 となる。

82 2 次関数 $y=-2x^2+4x+m-3$ のグラフについて，次の問いに答えよ。

↳ **82** POINTS 1 参照。

□(1) 頂点の座標を求めよ。

□(2) グラフが x 軸と異なる 2 点で交わるような m の値の範囲を求めよ。

(2)(3) b^2-4ac の符号を考える。また，頂点の y 座標によって，m の値の範囲を求めることもできる。

□(3) グラフが x 軸と交わらないような m の値の範囲を求めよ。

22 2次関数と2次不等式

解答 ▸ 別冊P.14

POINTS

1 2次関数のグラフと2次不等式の解

2次関数の式を $y=ax^2+bx+c$ とすると，$a>0$ のときのグラフと2次不等式 $ax^2+bx+c>0$，$ax^2+bx+c<0$ の解は，次のようにまとめられる。

b^2-4ac の符号	$y=ax^2+bx+c$ のグラフ	$ax^2+bx+c>0$ の解	$ax^2+bx+c<0$ の解
$b^2-4ac>0$	α β x	$x<\alpha$，$\beta<x$	$\alpha<x<\beta$
$b^2-4ac=0$	α x	α 以外のすべての実数	解はない
$b^2-4ac<0$	x	すべての実数	解はない

83 2次関数のグラフを利用して，次の2次不等式を解け。

□(1) $x^2-x-6>0$

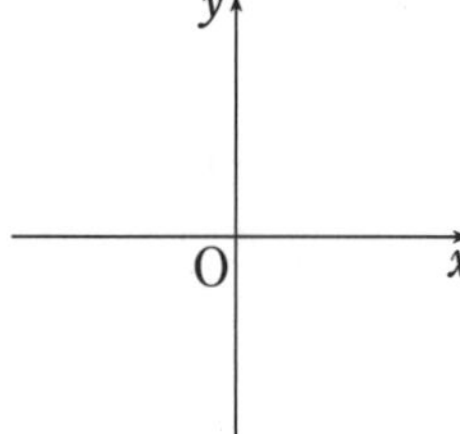

□(2) 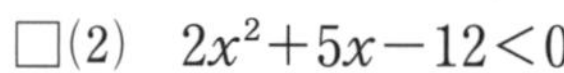 $2x^2+5x-12<0$

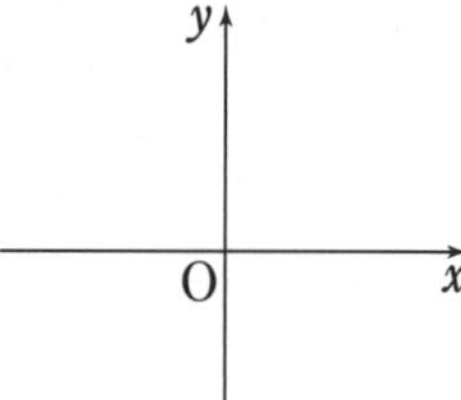

□(3) $x^2-2x+3>0$

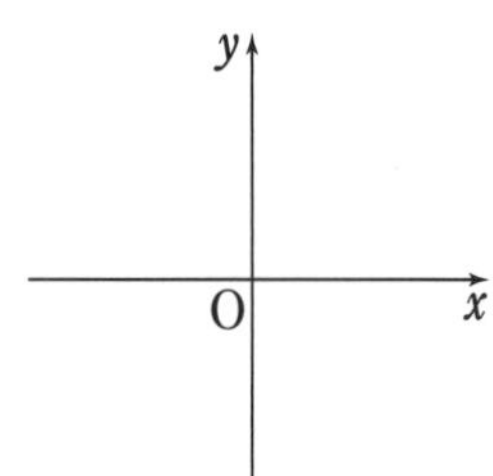

□(4) $-9x^2+6x-1<0$

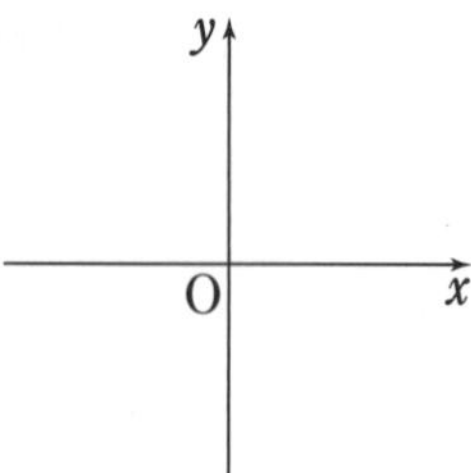

Check

↳ 83 2次関数のグラフと x 軸との位置関係から，不等式の解を求める。

POINTS 1 参照。

その際，次のことに注意するとよい。

- 左辺が因数分解できれば，x 軸との交点がわかりやすい。
- x^2 の係数が負のときには，両辺に -1 をかけて，係数を正の数にして考える方法もある。

第1章 第2章 第3章 第4章 第5章

□ **84** 2次関数 $f(x)=mx^2+6x+m-1$ がすべての実数 x に対して，常に正の値をとるとき，定数 m の値の範囲を求めよ。

↳**84** $y=f(x)$ のグラフは，下の図のようになっている。

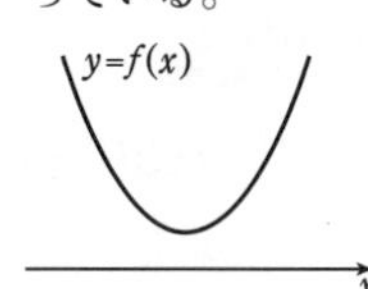

85 次の連立不等式を解け。

□(1) $\begin{cases} x^2+4x-12\geqq 0 \\ x^2-3x-4\leqq 0 \end{cases}$　　□(2) $3x<x^2<2x+1$

↳**85** それぞれの不等式を解き，2つの解を数直線上に表し，両方に共通な範囲を解とする。
(2) $A<B<C$ は，連立不等式 $\begin{cases} A<B \\ B<C \end{cases}$ として解く。

□ **86** 2つの2次方程式 $x^2+ax+3a=0$，$x^2-ax+a^2-1=0$ がともに実数解をもつように，定数 a の値の範囲を定めよ。

↳**86** それぞれの方程式で $b^2-4ac\geqq 0$ が成り立つことから，連立不等式をつくる。

23 2次不等式の利用

解答▸別冊P.14

POINTS

1 2次不等式の利用

2次不等式を用いて問題を解くときは，変数の変域に注意する。

87 地上から真上に，初速度毎秒 30 m で，ボールを投げ上げる。このとき，ボールを投げてから t 秒後のボールの地上からの高さ y m を，$y=-5t^2+30t$ とする。
このとき，次の問いに答えよ。

□(1) ボールが落ちてくるのは，ボールを投げ上げてから何秒後か。

□(2) ボールの高さが 25 m 以上になるのは，ボールを投げ上げてから，何秒後から何秒後までの間か。

Check

87 (1)与えられた条件から $y=0$ として，2次方程式を作る。

(2)与えられた条件から $y\geqq 25$ を用いて，2次不等式を作る。

□ **88** 2次関数 $y=x^2-2ax-a+2$ のグラフの頂点が第1象限にあるとき，定数 a の値の範囲を求めよ。

↳ **88** 点 $\mathrm{P}(a,\ b)$ が第1象限にあるとき，$a>0$，$b>0$ である。

□ **89** 次の連立不等式の解に整数解が1つだけ含まれるとき，定数 a の値の範囲を求めよ。

$$\begin{cases} x^2-7x+10<0 \\ x^2+(1-a)x-a>0 \end{cases}$$

↳ **89** それぞれの不等式の左辺を因数分解して，不等式の解を求める。

□ **90** 絶対値を含む不等式 $|x^2-3x| \geqq x$ を解け。

↳ **90** 実数 a に対して，

$$|a|=\begin{cases} a & (a \geqq 0) \\ -a & (a<0) \end{cases}$$

であるから，
(i) $x^2-3x \geqq 0$ のとき
(ii) $x^2-3x<0$ のとき
の2通りに場合分けして考える。

24 2次方程式の解の存在範囲

解答 ▸ 別冊P.15

POINTS

1 2次方程式の解の存在範囲

2次関数 $y=f(x)$ のグラフを利用して考える。

① $f(a)$ と $f(b)$ が異符号のとき，2次方程式 $f(x)=0$ は，$x=a$ と $x=b$ の間に必ず1つの解をもつ。

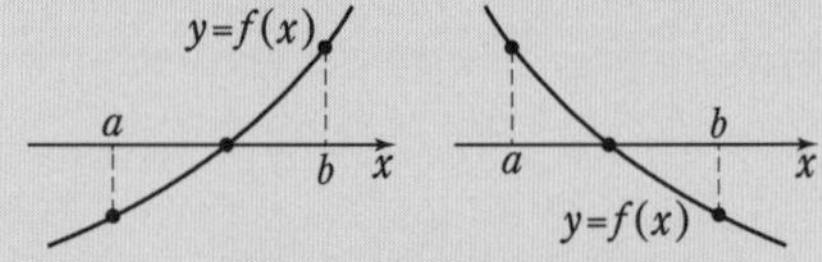

② $y=f(x)$ のグラフの軸の位置や，グラフと x 軸の位置関係，定義域の両端の値の符号などについて，グラフが満たすべき条件を考える。

$f(x)=ax^2+bx+c$ とすると，

㋐ 異なる2つの正の解をもつ（$a>0$）

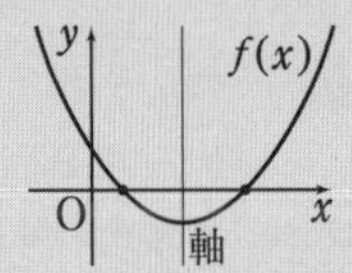

・$b^2-4ac>0$

・$f(0)>0$

・(グラフの軸)>0

㋑ 異符号の解をもつ（$a>0$）

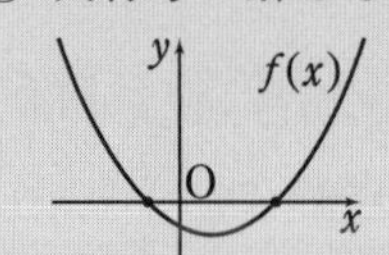

・$f(0)<0$

□ **91** x についての2次方程式 $2x^2-x+a=0$ が，-1 と 0 の間，0 と 1 の間にそれぞれ1つずつ解をもつとき，a の値の範囲を求めよ。

Check

↳ **91** $x=-1$，$x=0$，$x=1$ のときの2次関数の値の符号を考える。

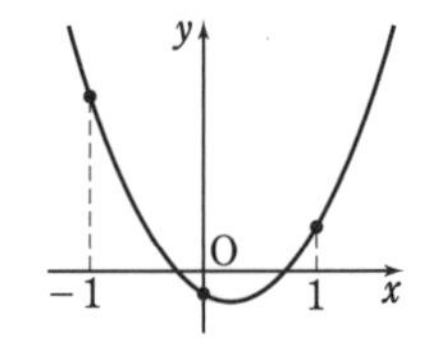

92 x についての2次方程式 $x^2-2ax-3a+4=0$ ……① について，次の問いに答えよ。

□(1) 2次関数 $y=x^2-2ax-3a+4$ のグラフの頂点の座標を求めよ。

□(2) 方程式①が異なる2つの正の解をもつとき，a の値の範囲を求めよ。

□(3) 方程式①が異符号の解をもつとき，a の値の範囲を求めよ。

↳**92** $f(x)=x^2-2ax-3a+4$ として，

{軸の方程式
グラフと x 軸の共有点の個数
$f(0)$ の符号

などについて考える。

(2) $y=f(x)$ のグラフは次のようになる。

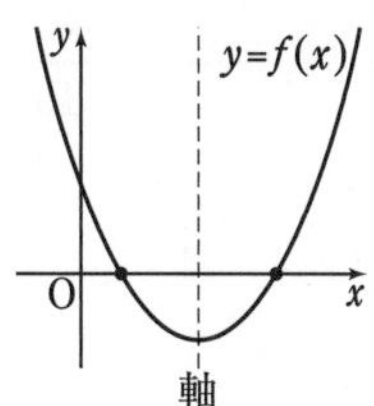

(3) $y=f(x)$ のグラフは次のようになる。

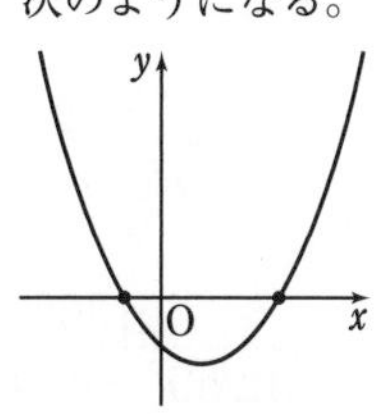

特に $f(0)$ の値の符号に注目する。

第1章 第2章 第3章 第4章 第5章

25 鋭角の三角比

解答▸別冊P.15

POINTS

1 三角比

正弦　$\sin A=\dfrac{a}{c}$

余弦　$\cos A=\dfrac{b}{c}$

正接　$\tan A=\dfrac{a}{b}$

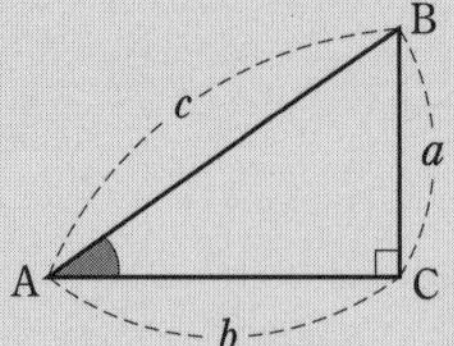

2 30°，45°，60° の三角比の値

A	30°	45°	60°
$\sin A$	$\dfrac{1}{2}$	$\dfrac{1}{\sqrt{2}}$	$\dfrac{\sqrt{3}}{2}$
$\cos A$	$\dfrac{\sqrt{3}}{2}$	$\dfrac{1}{\sqrt{2}}$	$\dfrac{1}{2}$
$\tan A$	$\dfrac{1}{\sqrt{3}}$	1	$\sqrt{3}$

93 次の直角三角形について，$\sin A$，$\cos A$，$\tan A$ の値を求めよ。

□(1)

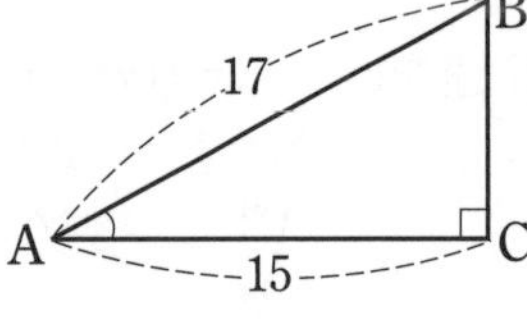

□(2)

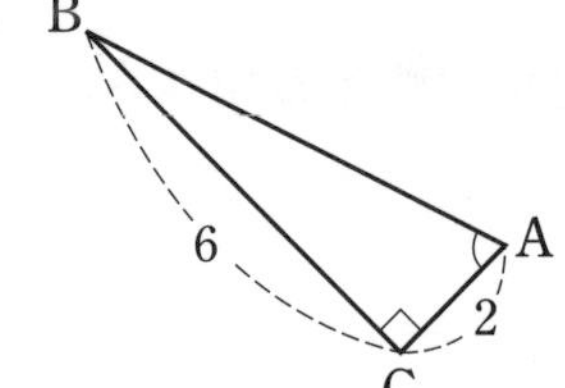

94 次の式の値を求めよ。

□(1) $\sin 30°+\cos 45°$

□(2) $\sin^2 45°-\tan^2 30°$

□(3) $\dfrac{\sin 30°}{\sin 60°-\cos 60°}$

Check

↳93 残りの辺は，三平方の定理を用いて求める。

POINTS 1参照。

↳94 POINTS 2参照。
(2)$\sin^2 45°$
$=\sin 45°\times\sin 45°$
である。

95 右の図のような直角三角形 ABC がある。頂点 A から辺 BC に垂線 AH を下ろし，AH=2，∠BAH=60° とする。このとき，次の長さを求めよ。

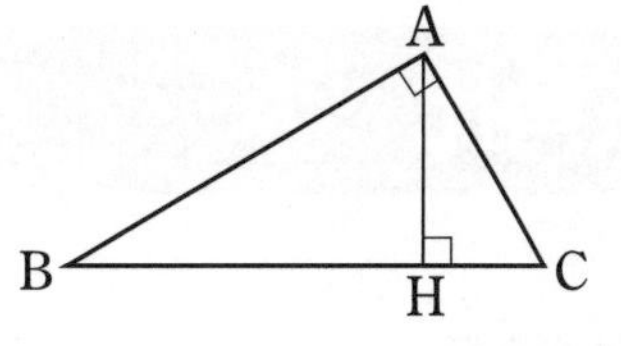

□(1) AB　　　　□(2) AC

□(3) BC

↳ **95** (3) ∠ABC=30° であるから，30° の三角比の値を利用する。

96 右の図の △ABC において，AD=BD，BC=1 とするとき，次の長さまたは値を求めよ。

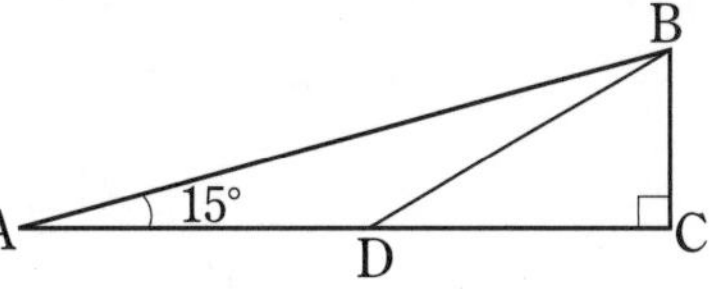

↳ **96** (1) ∠BDC=30° より，CD の長さを求める。

□(1) CD

□(2) AB

(2) 三平方の定理を用いて，AB の長さを求める。

□(3) cos 15°

(3) $\cos 15^\circ=\dfrac{AC}{AB}$

26 鈍角の三角比

解答 ▸ 別冊P.16

POINTS

1 座標を用いた三角比の定義

$\sin\theta=\dfrac{y}{r}$，$\cos\theta=\dfrac{x}{r}$，$\tan\theta=\dfrac{y}{x}$

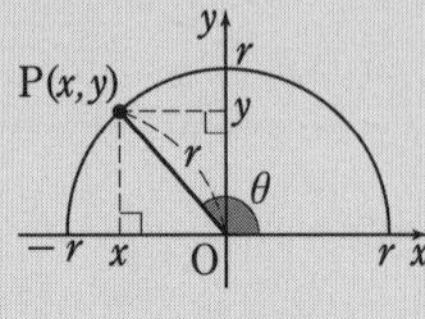

$r=1$ のとき，

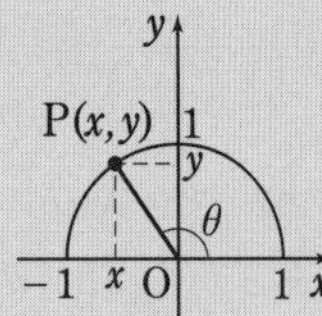

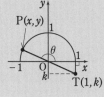

$\sin\theta=y$，$\cos\theta=x$

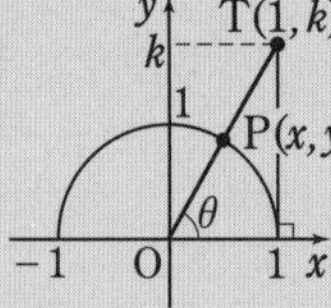

$\tan\theta=\dfrac{y}{x}=k$

$\tan\theta=\dfrac{y}{x}=k$

2 三角比の符号

θ	0°	鋭角	90°	鈍角	180°
$\sin\theta$	0	＋	1	＋	0
$\cos\theta$	1	＋	0	−	−1
$\tan\theta$	0	＋	なし	−	0

97 図を利用して，次の三角比の値を求めよ。

□(1) $\sin 150°$

□(2) $\cos 135°$

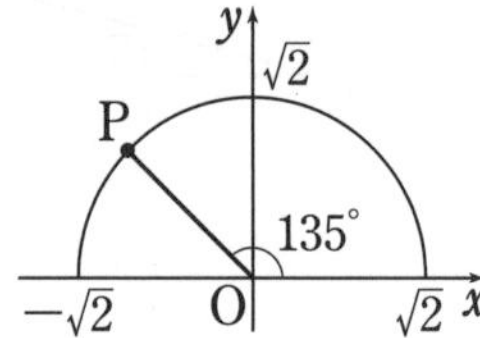

□(3) $\tan 120°$

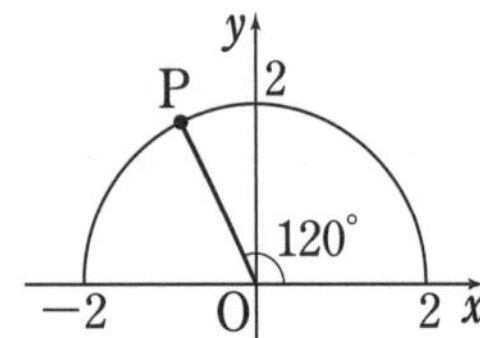

□(4) $\cos 90°$

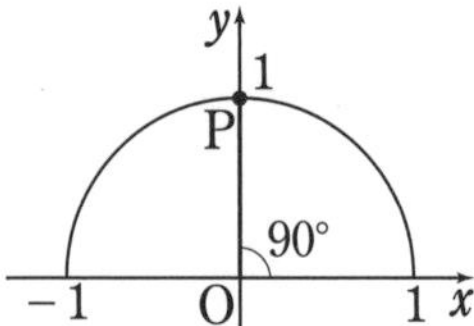

□(5) $\tan 180°$

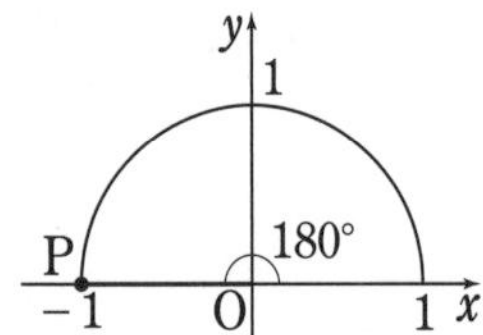

Check

97 三角比の定義にしたがって，値を求める。POINTS 1，2 参照。

98 次の式の値を求めよ。

↪98 POINTS [1], [2] 参照。

□(1) $\sin 150^\circ + \cos 120^\circ$

□(2) $\tan 120^\circ \sin 120^\circ + \sin 45^\circ \cos 135^\circ$

□(3) $\dfrac{1}{\sin 150^\circ + \cos 30^\circ} + \dfrac{1}{\cos 60^\circ - \sin 120^\circ}$

(3)分母の有理化をする。

□ **99** $45^\circ \leqq \theta \leqq 150^\circ$ のとき，$\sin\theta$ のとりうる値の範囲を求めよ。

↪99 POINTS [1] 参照。
$r=1$ の円で，
点 $\mathrm{P}(x,\ y)$ の y 座標が
$\sin\theta$ の値となる。

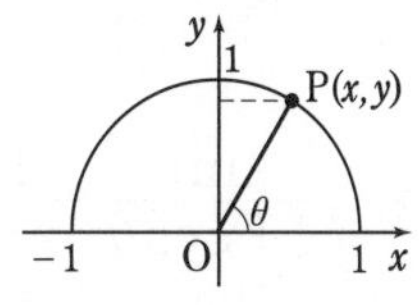

□ **100** $y=\cos^2\theta-\cos\theta$ $(0^\circ \leqq \theta \leqq 180^\circ)$ の最大値と最小値を求めよ。

↪100 $-1 \leqq \cos\theta \leqq 1$ であることに注意する。

27 三角比の相互関係 ①

解答 ▸ 別冊P.16

POINTS

1 三角比の相互関係

$\tan\theta=\dfrac{\sin\theta}{\cos\theta}$,　$\sin^2\theta+\cos^2\theta=1$,　$1+\tan^2\theta=\dfrac{1}{\cos^2\theta}$

□ **101** $90°<\theta<180°$ で，$\cos\theta=-\dfrac{1}{3}$ のとき，$\sin\theta$ および $\tan\theta$ の値を求めよ。

Check

↳101 POINTS 1 参照。$90°<\theta<180°$ の範囲では，$\sin\theta>0$ であることに注意する。

102 次の式を簡単にせよ。

□(1) $(\sin\theta+\cos\theta)^2+(\sin\theta-\cos\theta)^2$

↳102 (1)かっこをはずして，式を整理する。

□(2) $\dfrac{\sin\theta}{1+\cos\theta}-\dfrac{1-\cos\theta}{\sin\theta}$

(2)分母を通分して，式を整理する。

103 $\tan\theta=2$ のとき，次の式の値を求めよ。

□(1) $\dfrac{1}{1+\sin\theta}+\dfrac{1}{1-\sin\theta}$

□(2) $\cos^4\theta+\sin^4\theta$

104 $\sin\theta-\cos\theta=\dfrac{1}{2}$ のとき，次の問いに答えよ。ただし，$0°\leqq\theta\leqq180°$ とする。

□(1) $\sin\theta\cos\theta$ の値を求めよ。

□(2) $\cos\theta$ の符号を答えよ。

□(3) $\sin\theta+\cos\theta$ の値を求めよ。

↳103 POINTS 1 参照。
(1)通分して，$\cos^2\theta$ を含む式にする。

(2)与式は，$(\cos^2\theta+\sin^2\theta)^2-2\cos^2\theta\sin^2\theta$ と変形できる。

↳104 (1)与えられた等式 $\sin\theta-\cos\theta=\dfrac{1}{2}$ の両辺を2乗する。

(2) $0°\leqq\theta\leqq180°$ より，$\sin\theta\geqq0$ である。

(3) $(\sin\theta+\cos\theta)^2$ を計算する。

28 三角比の相互関係 ②

解答 ▸ 別冊P.17

POINTS

1 $90^\circ-\theta$，$180^\circ-\theta$ の三角比

① $\sin(90^\circ-\theta)=\cos\theta$，　$\cos(90^\circ-\theta)=\sin\theta$，　$\tan(90^\circ-\theta)=\dfrac{1}{\tan\theta}$

② $\sin(180^\circ-\theta)=\sin\theta$，　$\cos(180^\circ-\theta)=-\cos\theta$，　$\tan(180^\circ-\theta)=-\tan\theta$

Check

105 次の三角比を，0° から 45° までの角の三角比で表せ。

↳105 POINTS 1 参照。

□(1)　$\sin 80^\circ$　　□(2)　$\cos 53^\circ$

□(3)　$\tan 75^\circ$　　□(4)　$\sin 153^\circ$

□(5)　$\cos 144^\circ$　　□(6)　$\tan 155^\circ$

106 次の式を簡単にせよ。

↳106 POINTS 1 と
$\sin^2\theta+\cos^2\theta=1$ を利用する。

□(1)　$\cos^2(90^\circ-\theta)+\cos^2\theta$

□(2)　$\cos(90^\circ-\theta)\sin\theta+\cos\theta\sin(90^\circ-\theta)$

□(3)　$\sin(180°-\theta)\cos(90°-\theta)-\cos(180°-\theta)\sin(90°-\theta)$

□(4)　$\tan(15°+\theta)\tan(75°-\theta)$

107　△ABC において，次の等式が成り立つことを証明せよ。

□(1)　$\cos A+\cos(B+C)=0$

↳**107** (1) $A+B+C=180°$ より，$B+C=180°-A$

□(2)　$\sin\dfrac{B+C}{2}=\cos\dfrac{A}{2}$

(2) $\dfrac{B+C}{2}=\dfrac{180°-A}{2}=90°-\dfrac{A}{2}$

㉙ 三角比と方程式・不等式

解答 ▸ 別冊P.17

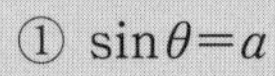

1 三角比と方程式（$0° \leqq \theta \leqq 180°$）

① $\sin\theta = a$　② $\cos\theta = b$　③ $\tan\theta = c$

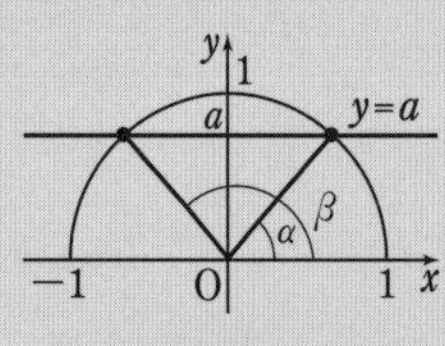

$\theta = \alpha,\ \beta$

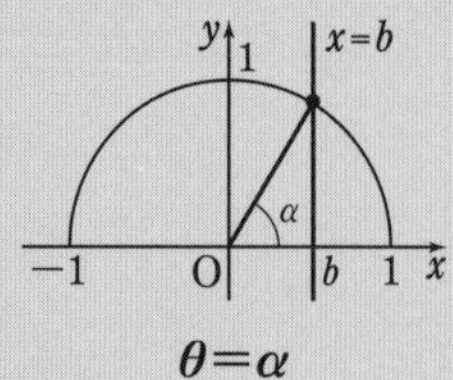

$\theta = \alpha$

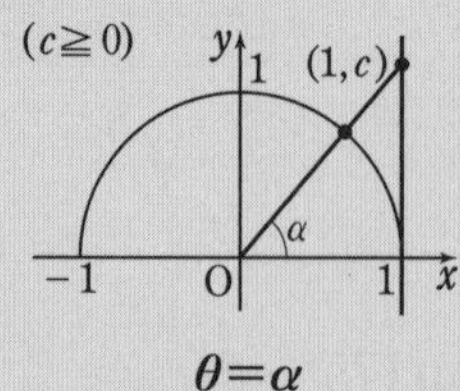

$\theta = \alpha$

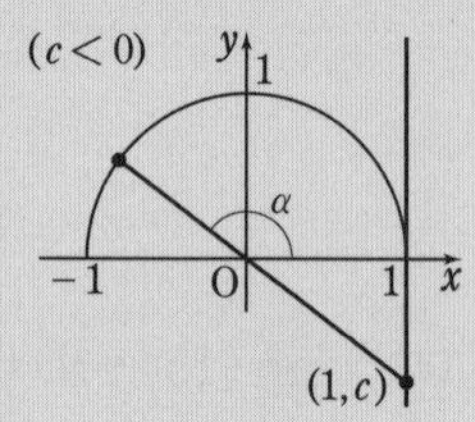

$\theta = \alpha$

2 三角比と不等式（$0° \leqq \theta \leqq 180°$）

① $\sin\theta \leqq a$　② $\cos\theta \leqq b$　③ $\tan\theta \leqq c$

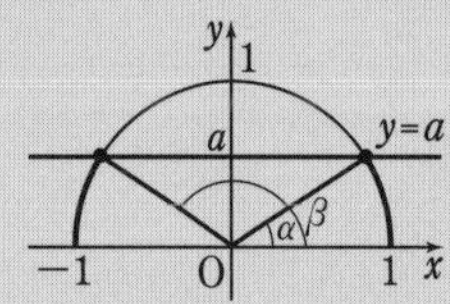

$0° \leqq \theta \leqq \alpha,\ \beta \leqq \theta \leqq 180°$

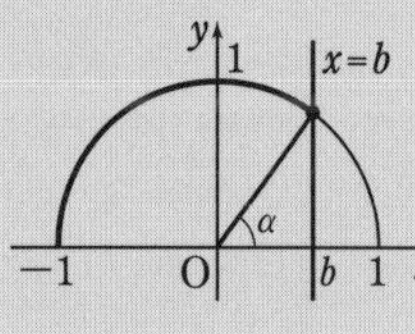

$\alpha \leqq \theta \leqq 180°$

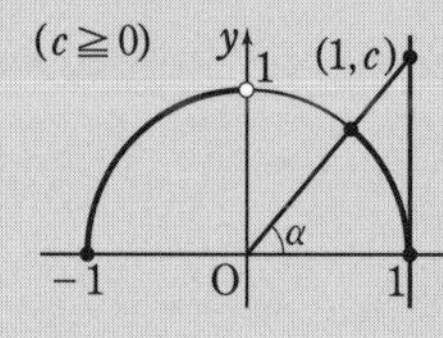

$0° \leqq \theta \leqq \alpha,\ 90° < \theta \leqq 180°$

(c<0)　y　1　α　−1　O　1　x　(1, c)

$90° < \theta \leqq \alpha$

108 $0° \leqq \theta \leqq 180°$ のとき，次の等式を満たす θ の値を求めよ。

□(1) $\sin\theta = \dfrac{1}{\sqrt{2}}$　　□(2) $\cos\theta = -\dfrac{1}{2}$

□(3) $\sqrt{3}\tan\theta - 1 = 0$

Check

↳108 単位円を用いて，条件を満たすθを考える。

(1) POINTS 1-① 参照。

(2) POINTS 1-② 参照。

(3) POINTS 1-③ 参照。

109 $0^\circ \leqq \theta \leqq 180^\circ$ のとき，次の等式を満たす θ の値を求めよ。

□(1) $2\cos^2\theta-1=0$

□(2) $4\sin^2\theta+4\sin\theta-3=0$

↳109 (2)左辺を因数分解してから解を求める。

110 $0^\circ \leqq \theta \leqq 180^\circ$ のとき，次の不等式を満たす θ の値の範囲を求めよ。

□(1) $\sin\theta \leqq \dfrac{1}{2}$

□(2) $\cos\theta \leqq -\dfrac{1}{2}$

↳110 単位円を用いて，条件を満たす θ の値の範囲を考える。
(1) POINTS 2-① 参照。
(2) POINTS 2-② 参照。

□(3) $\sqrt{3}\tan\theta-1 \geqq 0$

□(4) $1<\tan\theta<\sqrt{3}$

(3)(4) POINTS 2-③ 参照。

□(5) $2\sin^2\theta-5\sin\theta+2>0$

(5)左辺を因数分解して，不等式を満たす θ の値の範囲を求める。そのとき，$0 \leqq \sin\theta \leqq 1$ に注意する。

30 正弦定理

解答▸別冊P.18

POINTS

1 正弦定理

$$\frac{a}{\sin A}=\frac{b}{\sin B}=\frac{c}{\sin C}=2R$$ （R は △ABC の外接円の半径）

Check

↳111 正弦定理に値を代入する。

111 △ABC において，次の値を求めよ。

□(1) $a=\sqrt{3}$，$A=60°$ のとき，外接円の半径 R

□(2) $B=45°$，$C=30°$，$b=2$ のとき，c

□(3) $b=6$，$A=60°$，$C=75°$ のとき，a

□(4) $b=\sqrt{3}$，$c=1$，$B=120°$ のとき，C

↳112 (1)正弦定理より，
$a:b:c$
$=\sin A:\sin B:\sin C$

112 △ABC において，次の問いに答えよ。

□(1) $a:b:c=\sqrt{3}:2:(1+\sqrt{2})$ のとき，
$\sin A:\sin B:\sin C$ を求めよ。

□(2)　$A:B:C=2:1:3$ のとき，$a:b:c$ を求めよ。

(2) A，B，C を求める。

113 △ABC において，次の等式が成り立つことを証明せよ。

□(1)　$c(\sin^2 A+\sin^2 B)=\sin C(a\sin A+b\sin B)$

↳**113** 正弦定理より，

$\sin A=\dfrac{a}{2R}$

$\sin B=\dfrac{b}{2R}$

$\sin C=\dfrac{c}{2R}$

□(2)　$(b-c)\sin A+(c-a)\sin B+(a-b)\sin C=0$

第1章 第2章 第3章 第4章 第5章

31 余弦定理

解答 ▸ 別冊P.18

POINTS

1 余弦定理

① $a^2=b^2+c^2-2bc\cos A$，$b^2=c^2+a^2-2ca\cos B$，$c^2=a^2+b^2-2ab\cos C$

② $\cos A=\dfrac{b^2+c^2-a^2}{2bc}$，$\cos B=\dfrac{c^2+a^2-b^2}{2ca}$，$\cos C=\dfrac{a^2+b^2-c^2}{2ab}$

2 余弦定理と角の大きさ

$A<90^\circ \iff a^2<b^2+c^2$

$A=90^\circ \iff a^2=b^2+c^2$

$A>90^\circ \iff a^2>b^2+c^2$

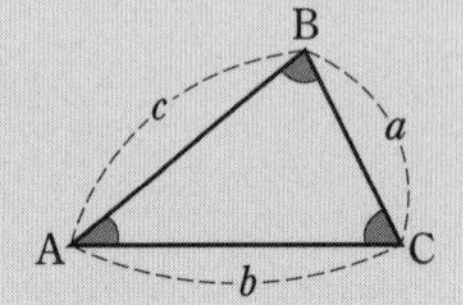

Check

114 △ABC において，次の値を求めよ。

□(1) $b=3$，$c=5$，$A=60^\circ$ のとき，a

114 (1)(2) POINTS 1-①参照。

□(2) $a=\sqrt{2}$，$b=6$，$C=135^\circ$ のとき，c

□(3) $a=8$，$b=9$，$c=10$ のとき，$\cos A$

(3)(4) POINTS 1-②参照。

□(4) $a=2$，$b=6$，$c=\sqrt{33}-1$ のとき，B

115 3辺の長さが次のような三角形は，鋭角三角形，鈍角三角形，直角三角形のいずれであるか。

□(1) 3，5，6　　□(2) 7，24，25

□(3) 7，8，10

↳115 最大角が90°よりも大きいか小さいかを調べればよい。
最大辺の対角が最大角であることに注意する。

116 四角形ABCDが円に内接し，AB=8，BC=5，CD=3，DA=3 である。このとき，次の問いに答えよ。

□(1) BD^2 を，$\cos A$ を用いて表せ。

↳116 POINTS 1-① 参照。
(1)△ABDに余弦定理を適用する。

□(2) BD^2 を，$\cos C$ を用いて表せ。

(2)△BCDに余弦定理を適用する。

□(3) BDの長さを求めよ。

(3)$A+C=180°$ であることに注意して，(1)，(2)の結果を利用する。

第1章 第2章 第3章 第4章 第5章

32 正弦定理と余弦定理の利用

解答 ▸ 別冊P.19

POINTS

1 三角形の決定

次の①～③のいずれか1つが成り立てば，三角形は1つに決定される。

① 3辺の長さ。

② 2辺の長さとその間の角の大きさ。

③ 1辺の長さとその両端の角の大きさ。

2 三角形の辺と角の決定

正弦定理や余弦定理を利用すると，三角形の形状を調べることができる。

117 △ABC において，残りの辺と角を求めよ。

□(1) $a=\sqrt{2}$，$b=\sqrt{3}-1$，$c=2$

□(2) $a=6\sqrt{3}$，$c=18$，$A=30^\circ$

Check

↳117 POINTS 2 参照。

(1)余弦定理を用いて，角を求める。

(2)正弦定理を用いて C を求め，余弦定理を用いて b を求める。
この条件を満たす △ABC は1通りではない。
(POINTS 1 参照)

118 △ABC で次の等式が成り立つとき，△ABC はどんな三角形か。

□(1) $a\sin^2 A=b\sin^2 B$

↳118 (1)正弦定理より，

$\sin A=\dfrac{a}{2R}$

$\sin B=\dfrac{b}{2R}$

を代入する。

□(2) $a\cos A+b\cos B=c\cos C$

(2)余弦定理より，

$\cos A=\dfrac{b^2+c^2-a^2}{2bc}$

$\cos B=\dfrac{c^2+a^2-b^2}{2ca}$

$\cos C=\dfrac{a^2+b^2-c^2}{2ab}$

を代入して，因数分解する。

□(3) $2\sin C\cos B=\sin A-\sin B+\sin C$

(3)正弦定理と余弦定理を利用する。

33 三角比の利用，測量

解答 ▸ 別冊P.20

POINTS

1 仰角と俯角

水平面を基準とした上下方向の角度で，水平面よりも上向きの角度を**仰角**，下向きの角度を**俯角**という。

2 測量

2 地点間の距離を直接求められない場合や，建物などの高さを求める場合に，三角比を利用して求めることができる。

□ **119** 水平面に垂直に立っている木の高さを調べるため，木の根元の俯角が 30° になる距離まで離れたら，木の先端の仰角は 60° であった。目の高さを 160 cm として，この木の高さを求めよ。

□ **120** 右の図にように，池をはさんだ 2 地点 A，B がある。地点 C から A と B を見て ∠ACB を測ると 60° で，また A，C 間の距離は 160 m，B，C 間の距離は 60 m であった。A，B 間の距離を求めよ。

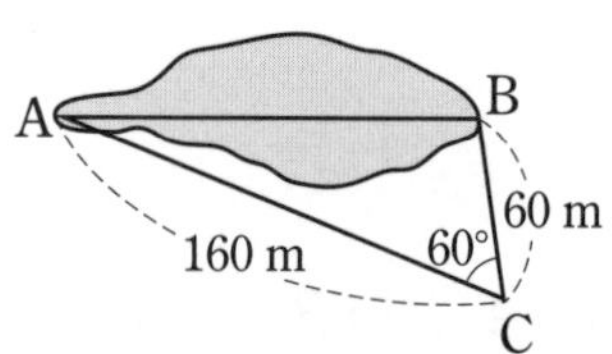

Check

119 木の先端，根元，俯角が 30° となる位置を結んで直角三角形を作り，余弦を考える。

120 余弦定理を利用することで求められる。

□ **121** 右の図のように，1つの直線上に並ぶ水平面上の3点A，B，Cから山Pの仰角を測ると，それぞれ60°，45°，30°であった。AB=100 m，BC=200 mのとき，山Pの高さを求めよ。

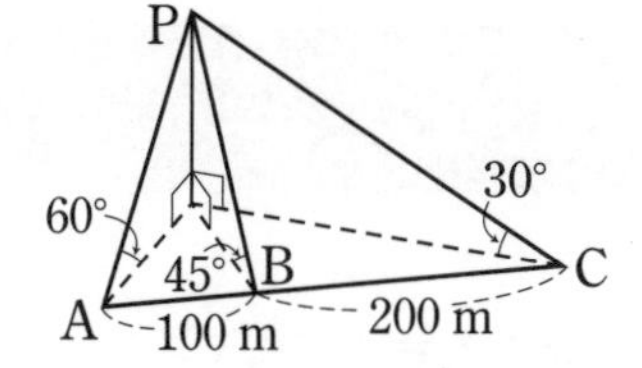

↳121 山PのふもとをHとして，高さを PH=x m とする。HA，HB，HC をそれぞれxで表し，余弦定理を利用する。

□ **122** 2地点P，Q間の距離を求めるために，ある一直線上にある3地点A，B，Cをとると，
AB=$200\sqrt{2}$ m，
BC=$100\sqrt{6}$ m，
∠PAB=60°，∠PBA=∠QBC=75°，∠QCB=45°となった。このとき，P，Q間の距離を求めよ。

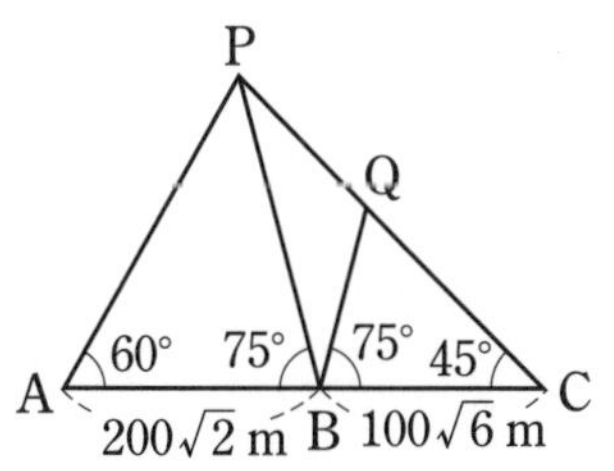

↳122 △PBQに余弦定理を用いる。

□ **123** 地上x kmの位置に静止している人工衛星から地球を見ると，地球は半径が□kmの円板に見える。ただし，地球は半径がR kmの球とする。

↳123 地球の中心をO，人工衛星をP，人工衛星の真下の地上の点をQとし，人工衛星から見える円板の直径をABとし，5点O，P，Q，A，Bを通る平面で切った切り口を図示する。

第1章 第2章 第3章 第4章 第5章

34 図形の面積

解答▸別冊P.20

POINTS

1 2 辺の長さとその間の角の大きさが与えられている △ABC の面積

$$S=\frac{1}{2}bc\sin A=\frac{1}{2}ca\sin B=\frac{1}{2}ab\sin C$$

2 円に内接する △ABC の面積

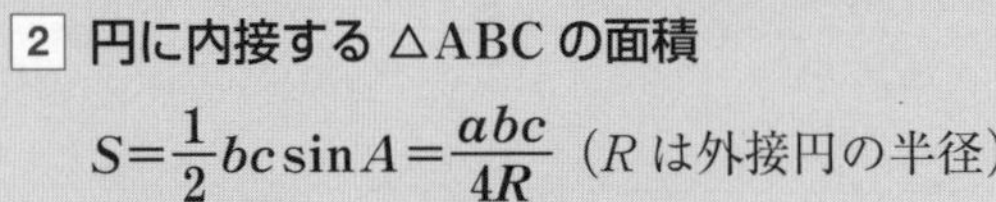

$$S=\frac{1}{2}bc\sin A=\frac{abc}{4R}$$ （R は外接円の半径）

3 円に外接する △ABC の面積

$$S=\frac{1}{2}r(a+b+c)$$ （r は内接円の半径）

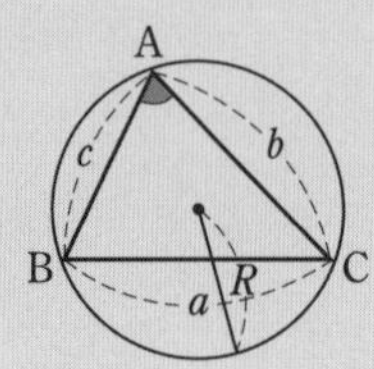

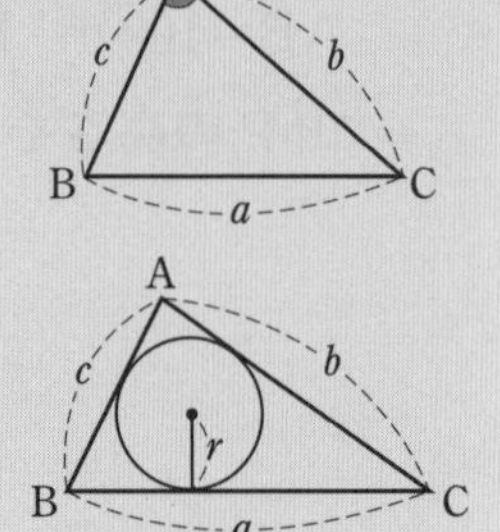

Check

124 次の △ABC の面積を求めよ。

□(1) $b=6$, $c=4$, $A=120°$

↳124 (1) POINTS 1 参照。

□(2) $a=3$, $b=5$, $c=6$

(2)余弦定理より $\cos C$ を求め，そこから $\sin C$ を求めて，面積を求める。

125 △ABC において，$a=2\sqrt{3}-\sqrt{6}$, $b=4-2\sqrt{2}$, $c=\sqrt{2}$ のとき，次の問いに答えよ。

↳125 (1)余弦定理より，$\cos A$ を求める。

□(1) 面積 S を求めよ。

□(2) 外接円の半径 R を求めよ。

(2)正弦定理を利用する。また，POINTS 2 を利用してもよい。

□(3) 内接円の半径 r を求めよ。

(3) POINTS 3 参照。

126 右の図のように，AB=1，BC=2，CD=3，DA=4 の四角形 ABCD が円に内接している。このとき，次の問いに答えよ。

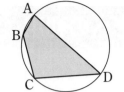

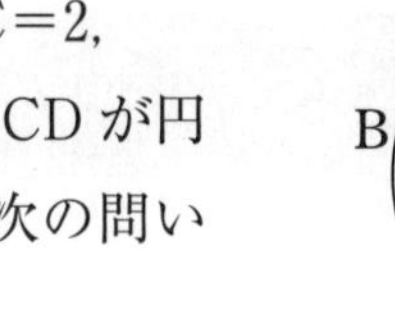

↳**126** △ABD と △BCD に，それぞれ余弦定理を適用する。

□(1) ∠BAD=θ とするとき，$\cos\theta$ の値を求めよ。

□(2) 四角形 ABCD の面積を求めよ。

127 次の問いに答えよ。

↳**127** 四角形を，4つの三角形に分けて考える。

□(1) 右の図のような AC=a，BD=b，∠AOB=θ である四角形 ABCD の面積を S とするとき，$S=\dfrac{1}{2}ab\sin\theta$ であることを証明せよ。

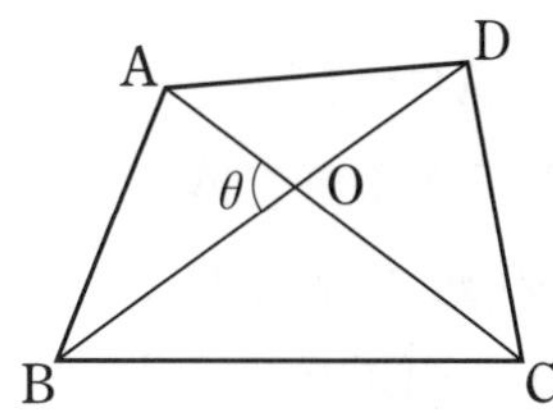

□(2) (1)の結果を利用して，右の図のような四角形の面積を求めよ。

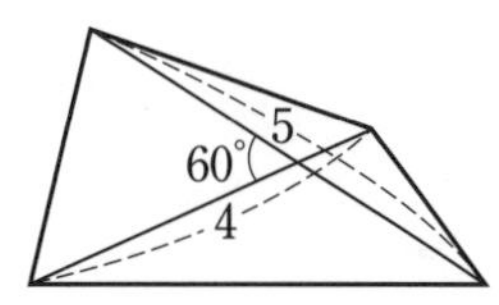

35 空間図形への利用

解答 ▸ 別冊P.21

POINTS

1 空間図形の計量

直方体や円錐(えんすい)，四面体などの空間図形の辺の長さ・角度・面積・体積は，三角比や正弦定理，余弦定理を利用すると，求めることができる。

Check

□ **128** $\angle\text{ABH}=60^\circ$，底面積が 16π である，右の図のような円錐の体積を求めよ。

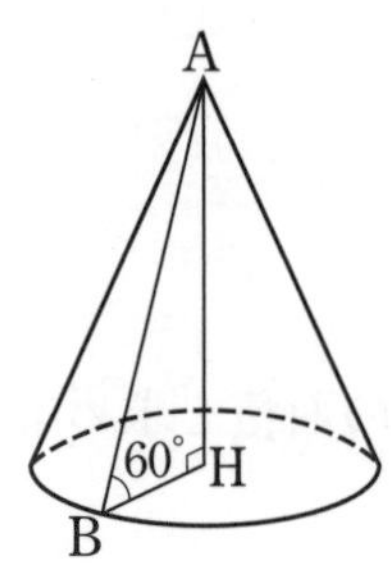

↳128 AH の長さを，三角比を用いて求める。

129 右の図のように，$\text{AB}=4$，$\text{BC}=3$，$\text{AE}=2$ である直方体 ABCD-EFGH の対角線 DF と EC の交点を O，$\angle\text{EOF}=\alpha$ とするとき，次の問いに答えよ。

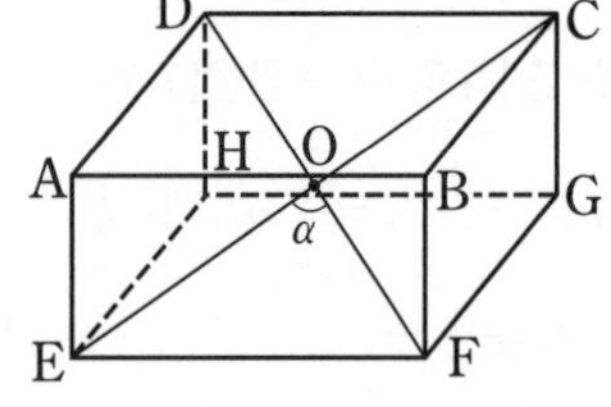

↳129 (1)三平方の定理を用いる。

□(1) EO の長さを求めよ。

□(2) $\cos\alpha$ の値を求めよ。

(2) △EOF において，余弦定理を用いる。

130 1辺の長さが1である正四面体ABCDの辺CDの中点をMとするとき，次の問いに答えよ。

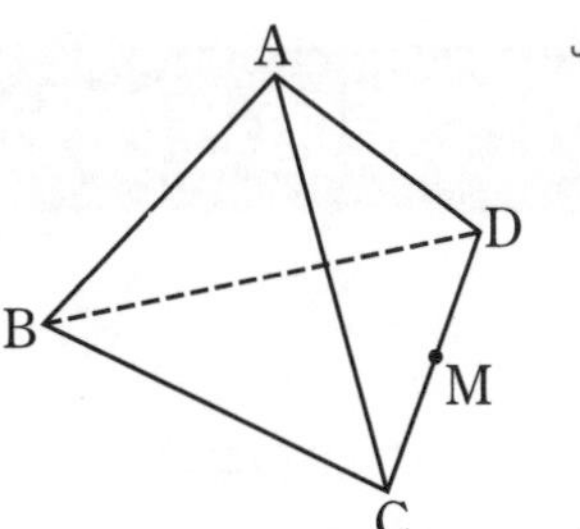

↳**130** 頂点Aから底面BCDへ垂線AHを引くとき，点Hは△BCDの重心であることを利用する。

□(1) 正四面体ABCDの体積を求めよ。

□(2) ∠ABM$=\theta$ とするとき，$\cos\theta$ の値を求めよ。

□(3) 辺AC上に点P，辺AB上に点Qをとるとき，MP+PQ+QDの最小値を求めよ。

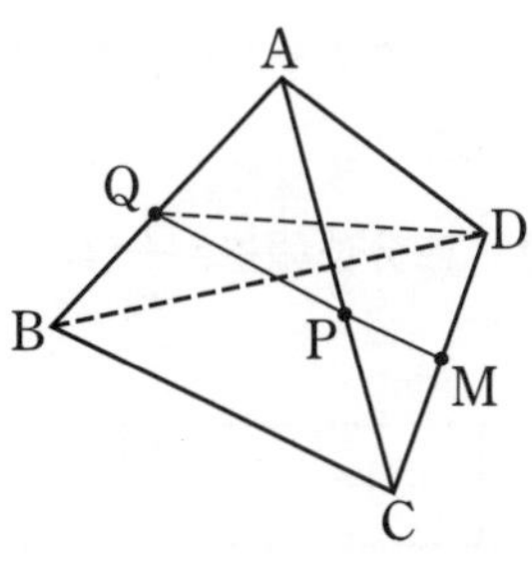

36 データの代表値と四分位数

解答▶別冊P.22

POINTS

1 平均値

① データの値の総和をデータの個数で割った値を，このデータの**平均値**という。

n 個のデータ x_1，x_2，……，x_n の平均値 $\bar{x}$ は，$\bar{x}=\dfrac{1}{n}(x_1+x_2+\cdots\cdots+x_n)$

② 度数分布表から平均値を求める場合には，その階級に含まれるデータの値は，すべて階級値に等しいと考えて計算する。

2 中央値（メジアン）

データを値の大きさの順に並べたとき，中央に位置する値を**中央値**（または**メジアン**）という。データの個数が偶数の場合には，中央に並ぶ2つの値の平均値を中央値とする。

3 最頻値（モード）

データの中で，最も度数の多い値を，そのデータの**最頻値**（または**モード**）という。また，度数分布表から最頻値を求める場合には，度数が最も大きい階級の階級値を最頻値とする。

4 範　囲

データの最大値と最小値の差を，そのデータの**範囲**という。

5 四分位数

データを値の小さいほうから順に並べたとき，4等分する位置にある3つのデータの値を**四分位数**という。この3つの値を小さいほうから順に，**第1四分位数**，**第2四分位数**，**第3四分位数**といい，それぞれ Q_1，Q_2，Q_3 で表す。四分位数は次のようにして求める。

① データ全体の中央値を求める。(Q_2)

② Q_2 によって，データを前半部分と後半部分の2つに分ける。

（データの個数が偶数の場合）
前半　後半
○○……○　○……○○
↑
Q_2

（データの個数が奇数の場合）
前半　後半
○○……○○○……○○
↑
Q_2

③ 2つに分けられたデータのそれぞれの中央値を求める。(Q_1，Q_3)

6 四分位範囲と四分位偏差

四分位範囲$=Q_3-Q_1$　**四分位偏差**$=\dfrac{1}{2}(Q_3-Q_1)$

7 箱ひげ図

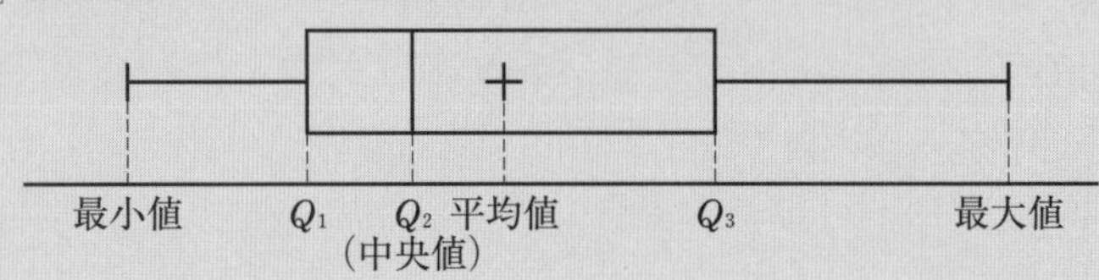

□ **131** 次の10個のデータについて，平均値と中央値を求めよ。

13　21　17　16　25　20　12　18　16　19

Check

131 データの個数が偶数であるから，中央にくる2つのデータの平均値が中央値となる。

132 次のデータは，A 班と B 班の数学のテストの点数のデータである。

A 班：31　71　65　22　41　88　90　63　81　76　81　91　78
91　51
B 班：38　40　48　79　78　59　68　69　58　88　89　99　39
100　　　　　　　　　　　　　　　　　　（単位　点）

□(1)　2 つの班のデータの平均値をそれぞれ求めよ。

□(2)　2 つの班のデータの範囲および四分位数をそれぞれ求めよ。

132 (2)まず，データを小さいほうから順に並べる。

□(3)　2 つの班のデータの分布の様子を箱ひげ図に表せ。

(3)平均値，四分位数，最大値，最小値を記入する。

□(4)　A 班のデータをヒストグラムに表したとき，最も適切なものを下の**ア**～**エ**から選べ。

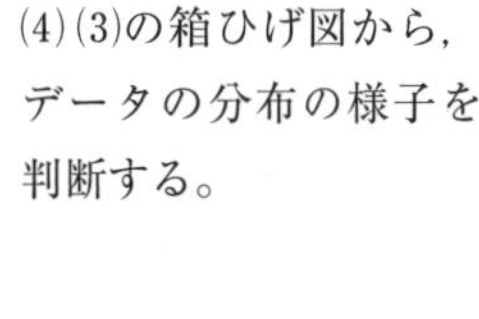

(4)(3)の箱ひげ図から，データの分布の様子を判断する。

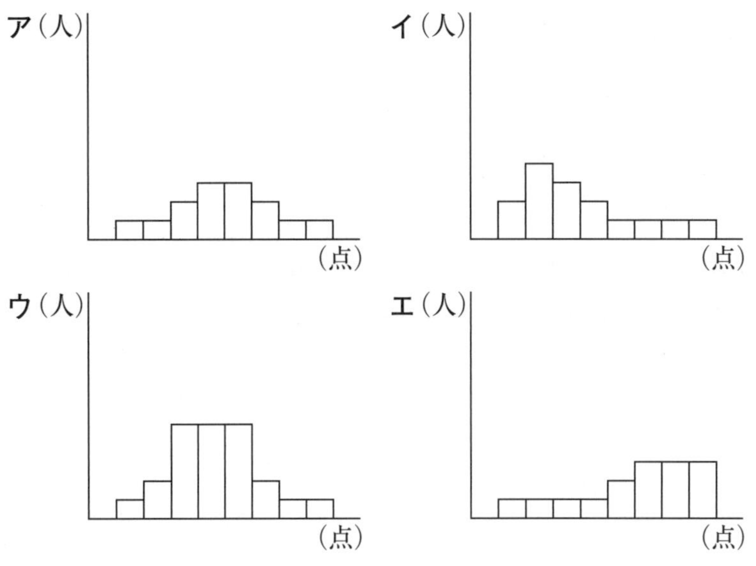

37 分散と標準偏差

解答▸別冊P.23

POINTS

1 偏　差

データの各値 x_1，x_2，……，x_n から平均値 $\overline{x}$ を引いた差 $x_1-\overline{x}$，$x_2-\overline{x}$，……，$x_n-\overline{x}$ をそれぞれ x_1，x_2，……，x_n の**偏差**という。

2 分散と標準偏差

① データ x_1，x_2，……，x_n の平均値が $\overline{x}$ であるとき，分散 s^2 は，

$$s^2=\frac{1}{n}\{(x_1-\overline{x})^2+(x_2-\overline{x})^2+\cdots\cdots+(x_n-\overline{x})^2\}$$

また，(分散)＝(x^2 の平均値)－(x の平均値)^2 より，

$$s^2=\frac{1}{n}(x_1{}^2+x_2{}^2+\cdots\cdots+x_n{}^2)-(\overline{x})^2$$

② 標準偏差 s は，$s=\sqrt{\text{分散}}$

133 次の6個のデータ (x) について，次の問いに答えよ。

8，4，7，4，5，2

□(1) このデータの平均値 $\overline{x}$ を求めよ。

□(2) 下の表の空欄（くうらん）をうめ，このデータの分散，標準偏差を求めよ。

x	8	4	7	4	5	2
$(x-\overline{x})^2$						

□(3) (分散)＝(x^2 の平均値)－(x の平均値)^2 の関係式を用いて分散を計算し，(2)の答えと一致することを確認せよ。

Check

133 POINTS 1，2 参照。

(3) x^2 の値をそれぞれ求めて，平均値を求める。

134 下のヒストグラムは，A グループと B グループの 10 点満点のテストの結果を表している。次の問いに答えよ。

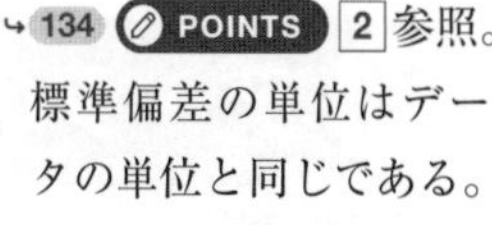

標準偏差の単位はデータの単位と同じである。

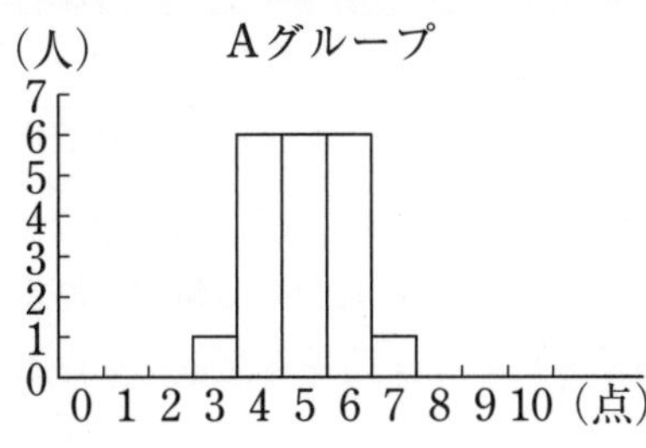

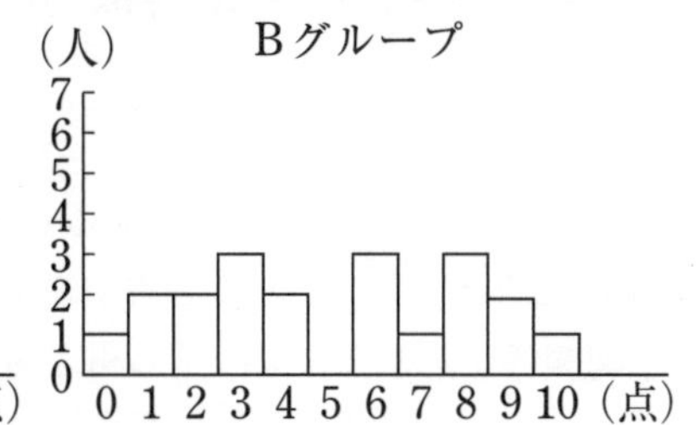

□(1) A グループと B グループの平均値をそれぞれ求めよ。

□(2) A グループと B グループの標準偏差をそれぞれ求めよ。

□ **135** 右の表は，2 つのデータ A，B の個数，平均値，標準偏差を表している。データ A，B を合わせたときの平均値と標準偏差を求めよ。ただし，小数第 1 位を四捨五入せよ。

	個数	平均値	標準偏差
A	12	5	2
B	8	10	1

↳135 (分散)＝(x^2 の平均値)－(x の平均値)^2 の関係式を利用する。

38 データの相関

解答▸別冊P.23

POINTS

1 正の相関と負の相関

2つの変量からなるデータにおいて，一方が増加すると他方も増加する傾向があるとき，2つの変量には**正の相関関係**があるという。また，一方が増加すると他方が減少する傾向があるとき，2つの変量には**負の相関関係**があるという。正の相関関係も負の相関関係も見られないときは，**相関関係がない**という。

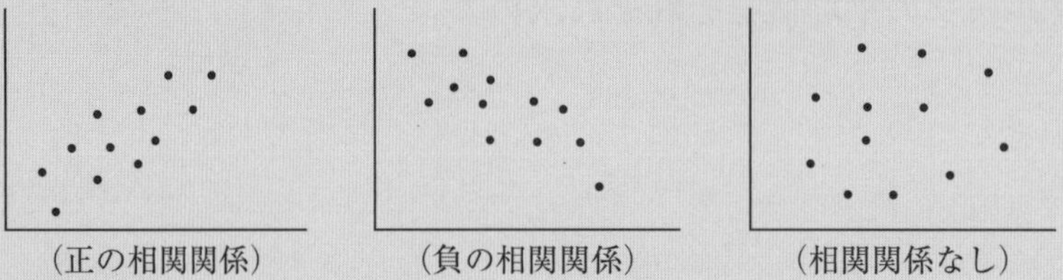

（正の相関関係）　（負の相関関係）　（相関関係なし）

2 共分散 s_{xy}

x，y の2つの値の組でできた n 個のデータ $(x_1,\ y_1)$，$(x_2,\ y_2)$，……，$(x_n,\ y_n)$ に対し，その共分散 s_{xy} は，x，y の平均値をそれぞれ $\bar{x}$，$\bar{y}$ とすると，

$$s_{xy}=\frac{1}{n}\{(x_1-\bar{x})(y_1-\bar{y})+(x_2-\bar{x})(y_2-\bar{y})+\cdots\cdots+(x_n-\bar{x})(y_n-\bar{y})\}$$

3 相関係数

① n 個のデータ $(x_1,\ y_1)$，$(x_2,\ y_2)$，……，$(x_n,\ y_n)$ に対し，その相関係数 r は，

$$r=\frac{s_{xy}}{s_xs_y}=\frac{\frac{1}{n}\{(x_1-\bar{x})(y_1-\bar{y})+\cdots\cdots+(x_n-\bar{x})(y_n-\bar{y})\}}{\sqrt{\frac{1}{n}\{(x_1-\bar{x})^2+\cdots+(x_n-\bar{x})^2\}}\sqrt{\frac{1}{n}\{(y_1-\bar{y})^2+\cdots+(y_n-\bar{y})^2\}}}$$

（ただし s_x，s_y はそれぞれ x，y の標準偏差）

② 相関係数 r は -1 以上1以下の間の値をとり，1に近いほど正の相関関係が強く，-1 に近いほど負の相関関係が強い。相関関係がないときには，r は0に近くなる。

□ **136** 下の図は，あるクラスの生徒40人の身長と体重の関係を散布図に表したものである。このクラスの生徒の身長と体重の関係について，正しいことがらを**ア**～**ウ**から1つ選べ。

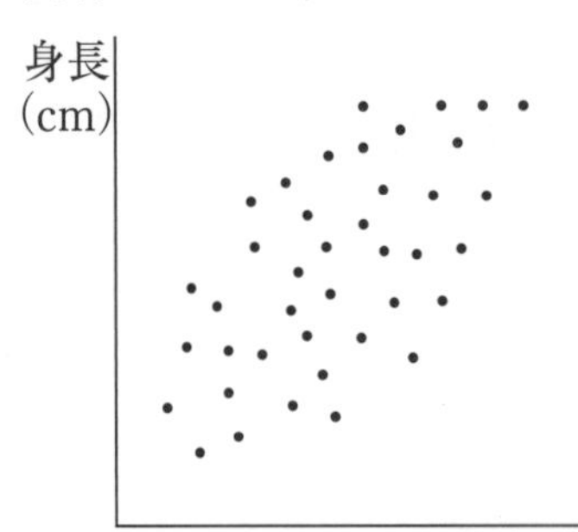

ア　正の相関関係がある

イ　負の相関関係がある

ウ　相関関係はない

Check

↳136 身長が増加すると体重が増加する傾向があるとき，正の相関関係がある。

137 右の表に表された7個のデータ (x, y) について，次の問いに答えよ。

	①	②	③	④	⑤	⑥	⑦
x	3	4	3	2	4	7	5
y	4	2	3	6	3	1	2

□(1) 散布図をかけ。

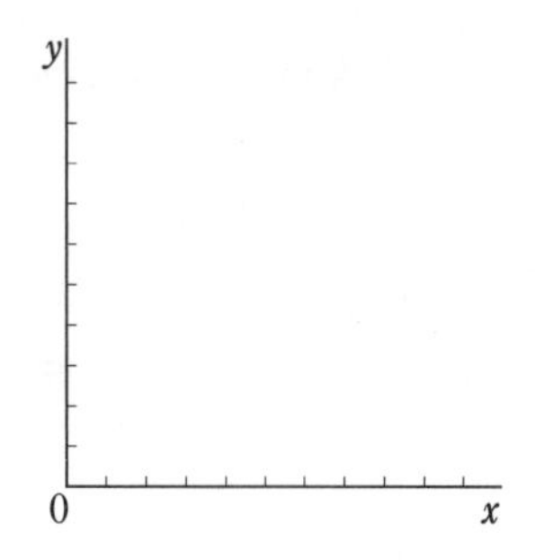

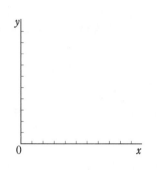

□(2) x，y の平均値 $\bar{x}$，$\bar{y}$ をそれぞれ求めよ。

□(3) x，y の分散をそれぞれ求めよ。

□(4) x と y の共分散 s_{xy} を求めよ。

□(5) x と y の間にはどのような相関関係があると考えられるか。相関係数 r を計算して答えよ。

↳**137** (1) 7個のデータ (x, y) を点として，プロットする。

(3) $s_x{}^2=\frac{1}{n}\{(x_1-\bar{x})^2+\cdots\cdots+(x_7-\bar{x})^2\}$

(4) $s_{xy}=\frac{1}{n}\{(x_1-\bar{x})(y_1-\bar{y})+\cdots\cdots+(x_7-\bar{x})(y_7-\bar{y})\}$

(5) $r=\frac{s_{xy}}{s_x s_y}$ より，相関係数を計算する。
r が1に近いほど正の相関関係が強く，-1 に近いほど負の相関関係が強い。

第1章 第2章 第3章 第4章 第5章

39 仮説検定

解答▸別冊P.23

POINTS

1 仮説検定

ある仮説を立てて，その仮説が正しいか否かを実験・調査などに基づいて判断する統計的手法。

2 帰無仮説

① 仮説検定において，最初に棄却されると予想される仮説をたてること。

② 仮説検定において，相対度数が同じであっても，標本の大きさによって帰無仮説が棄却される場合とされない場合があるので，標本の大きさには注意すること。

□ **138** 飲料水メーカーP社は，新しい缶コーヒーを開発し，2つのコーヒーA，Bを最終候補とした。試飲するモニターを30名募り，A，Bどちらを好むかを選んでもらったところ，Aを好む人が6名，Bを好む人が24名であった。新しい商品としてBを選択したほうが一般に好まれると判断してもよいか。

なお，検証の際には，表裏が同様に確からしく出るコインを1枚投げる実験に当てはめられることを利用し，コインを30回投げることを1セットとした際の，1000セットを繰り返し，表の出た回数の度数を示した下記の表を用いて判断せよ。

表が出た回数	0〜6	7	8	9	10	11	12	13	14
度数（セット）	0	1	2	14	22	50	63	115	118

15	16	17	18	19	20	21	22	23
145	134	131	99	46	35	14	5	3

24	25	26〜30	合計
2	1	0	1000

Check

↳138 コインを30回投げて，表が24回以上出た確率を表から求めて考える。

□ **139** ある野球チームは，チーム結成 10 周年を記念して，ユニフォームのデザインを新しいものにすることにした。最終候補として，A，B の 2 種類のデザインに絞られた。

今，チームの監督とコーチ，チームのキャプテン，マネージャーなど 7 名で選考したところ，6 名が A のデザインを希望した。このとき，チームのメンバーは A のデザインを好むといってよいか。

なお，下記の度数分布表は，1 枚のコインを 7 回投げるという作業を 1000 セット行った際の結果である。コインの表裏の出方は同様に確からしいものとする。また，ある仮説が起こったことがらについて，その仮説のもとで起こる確率が 5 % 以下のとき，仮説は誤りと判断するものとする。

表が出た回数	0	1	2	3	4	5	6	7	合計
度数（セット）	8	55	165	290	261	162	50	9	1000

↳**139** コインを 7 回投げて，表が 6 回以上出た確率を表から求めて考える。

装丁デザイン　ブックデザイン研究所
本文デザイン　未来舎
図　版　ユニックス

本書に関する最新情報は，小社ホームページにある**本書の「サポート情報」**をご覧ください。(開設していない場合もございます。)
なお，この本の内容についての責任は小社にあり，内容に関するご質問は直接小社におよせください。

高校 トレーニングノートα 数学Ⅰ

編著者　高校教育研究会
発行者　岡本泰治
印刷所　寿印刷

発行所　受験研究社

〒550-0013 大阪市西区新町2丁目19番15号
注文・不良品などについて：(06)6532-1581(代表)／本の内容について：(06)6532-1586(編集)

Printed in Japan　高廣製本
落丁・乱丁本はお取り替えします。

ひっぱると，はずして使えます。

Training Note

トレーニングノートα

数学I

解答・解説

解答・解説

第1章 数と式

1 整式とその加減 (p.2〜3)

1 (1)① **9** ② **3** ③ **2** ④ $\boldsymbol{3b^3c^4}$

(2)① $\boldsymbol{x^4+x^3+2x^2-x-1}$ ② **4** ③ **−1**

(3)① $\boldsymbol{2x^2-3(y+1)x+3y^2-4y+1}$ ② $\boldsymbol{3y^2-4y+1}$

③ $\boldsymbol{3y^2-(3x+4)y+2x^2-3x+1}$ ④ $\boldsymbol{-(3x+4)}$

2 (1) $A+B+C$

$=(5x^3-4x^2+3x)+(x^2-7x+2)+(x^3-4x+3)$

$=5x^3-4x^2+3x+x^2-7x+2+x^3-4x+3$

$=\boldsymbol{6x^3-3x^2-8x+5}$

(2) $A+B-(A-C)$

$=A+B-A+C$

$=B+C$

$=(x^2-7x+2)+(x^3-4x+3)$

$=x^2-7x+2+x^3-4x+3$

$=\boldsymbol{x^3+x^2-11x+5}$

(3) $A+B-2(A-3B+C)$

$=A+B-2A+6B-2C$

$=-A+7B-2C$

$=-(5x^3-4x^2+3x)+7(x^2-7x+2)$

$\quad -2(x^3-4x+3)$

$=-5x^3+4x^2-3x+7x^2-49x+14-2x^3+8x-6$

$=\boldsymbol{-7x^3+11x^2-44x+8}$

☑注意

(3)のような複雑な式では，いきなり代入するのではなく，$-A+7B-2C$ のように式を簡単にしてから代入するとよい。

3 (1)

$$\begin{array}{rr} & 2x^2-4x+5 \\ +) & 3x^2-2x-1 \\ \hline & 5x^2-6x+4 \end{array}$$

① …**5**　② …**4**

(2)

$$\begin{array}{rr} & 4x^2-3x-5 \\ -) & 2x^2-5x+1 \\ \hline & 2x^2+2x-6 \end{array}$$

③ …**2**　④ …**2**　⑤ …**6**

4 $A-X=B$ より，$X=A-B$ だから，

$X=(x^3-2x+5)-(-3x^3-2x^2+x-2)$

$=x^3-2x+5+3x^3+2x^2-x+2$

$=\boldsymbol{4x^3+2x^2-3x+7}$

2 整式の乗法 ① (p.4〜5)

5 (1) $a^3\times a^4=a^{3+4}=\boldsymbol{a^7}$

(2) $(-x^2)^3\times\left(\frac{1}{2}x\right)^2=(-x^6)\times\frac{1}{4}x^2=-\frac{1}{4}\times x^{6+2}$

$=\boldsymbol{-\frac{1}{4}x^8}$

(3) $(2x^3)^2\times(-x)^3=4x^6\times(-x^3)$

$=-4\times x^{6+3}=\boldsymbol{-4x^9}$

(4) $(4ab)^2\times(-3a^3b^5)^3=16a^2b^2\times(-27a^9b^{15})$

$=-(16\times27)\times a^{2+9}\times b^{2+15}=\boldsymbol{-432a^{11}b^{17}}$

6 (1) $2a(3a^2-4a+5)=\boldsymbol{6a^3-8a^2+10a}$

(2) $(x^2-2xy-5y)(-xy)=\boldsymbol{-x^3y+2x^2y^2+5xy^2}$

(3) $(2x-y)(4x^2-xy+y^2)$

$=2x(4x^2-xy+y^2)-y(4x^2-xy+y^2)$

$=8x^3-2x^2y+2xy^2-4x^2y+xy^2-y^3$

$=\boldsymbol{8x^3-6x^2y+3xy^2-y^3}$

(4) $(x^2-xy-2y^2)(2x-3y)$

$=(x^2-xy-2y^2)\cdot2x-(x^2-xy-2y^2)\cdot3y$

$=2x^3-2x^2y-4xy^2-3x^2y+3xy^2+6y^3$

$=\boldsymbol{2x^3-5x^2y-xy^2+6y^3}$

(5) $(x-1)(x^4+x^3+x^2+x+1)$

$=x(x^4+x^3+x^2+x+1)-(x^4+x^3+x^2+x+1)$

$=x^5+x^4+x^3+x^2+x-x^4-x^3-x^2-x-1$

$=\boldsymbol{x^5-1}$

7 (1) $(3x+1)^2=(3x)^2+2\cdot3x\cdot1+1^2$

$=\boldsymbol{9x^2+6x+1}$

(2) $(2x-3y)^2=(2x)^2-2\cdot2x\cdot3y+(3y)^2$

$=\boldsymbol{4x^2-12xy+9y^2}$

(3) $(x-2)(x+2)=x^2-2^2$

$=\boldsymbol{x^2-4}$

(4) $(5a+2b)(5a-2b)=(5a)^2-(2b)^2$

$=\boldsymbol{25a^2-4b^2}$

8 (1) $(x+2)(x-5)$

$=x^2+(2-5)x+2\cdot(-5)$

$=\boldsymbol{x^2-3x-10}$

(2) $(a-3b)(a-4b)$

$=a^2+(-3b-4b)a+(-3b)\cdot(-4b)$

$=\boldsymbol{a^2-7ab+12b^2}$

(3) $(3x+2y)(3x+5y)$

$=(3x)^2+(2y+5y)\cdot3x+2y\cdot5y$

$=\boldsymbol{9x^2+21xy+10y^2}$

(4) $(3x-1)(2x+7)$

$=3\cdot2x^2+\{3\cdot7+(-1)\cdot2\}x+(-1)\cdot7$

$=\boldsymbol{6x^2+19x-7}$

(5) $(5x+2y)(2x-3y)$

$=5\cdot2x^2+\{5\cdot(-3y)+2y\cdot2\}x+2y\cdot(-3y)$

$=\boldsymbol{10x^2-11xy-6y^2}$

3 整式の乗法 ② (p.6〜7)

9 (1) $(a+b+1)^2$

$=a^2+b^2+1^2+2\cdot a\cdot b+2\cdot b\cdot1+2\cdot1\cdot a$

$=\boldsymbol{a^2+b^2+2ab+2a+2b+1}$

(2) $(x-y-2)^2$

$=x^2+(-y)^2+(-2)^2+2\cdot x\cdot(-y)$

$\quad+2\cdot(-y)\cdot(-2)+2\cdot(-2)x$

$=\boldsymbol{x^2+y^2-2xy-4x+4y+4}$

☑ 注意

$(a-b-c)^2$ は，$\{a+(-b)+(-c)\}^2$ と考えて乗法公式を使う。

10 (1) $(x+2)^3$

$=x^3+3\cdot x^2\cdot 2+3\cdot x\cdot 2^2+2^3$

$=\boldsymbol{x^3+6x^2+12x+8}$

(2) $(2a+3b)^3$

$=(2a)^3+3\cdot(2a)^2\cdot 3b+3\cdot 2a\cdot(3b)^2+(3b)^3$

$=\boldsymbol{8a^3+36a^2b+54ab^2+27b^3}$

(3) $(y-3)^3=y^3-3\cdot y^2\cdot 3+3\cdot y\cdot 3^2-3^3$

$=\boldsymbol{y^3-9y^2+27y-27}$

(4) $(2x-3y)^3$

$=(2x)^3-3\cdot(2x)^2\cdot 3y+3\cdot 2x\cdot(3y)^2-(3y)^3$

$=\boldsymbol{8x^3-36x^2y+54xy^2-27y^3}$

11 (1) $(x+1)(x^2-x+1)=\boldsymbol{x^3+1}$

(2) $(x+2y)(x^2-2xy+4y^2)=x^3+(2y)^3$

$=\boldsymbol{x^3+8y^3}$

(3) $(3a-2b)(9a^2+6ab+4b^2)=(3a)^3-(2b)^3$

$=\boldsymbol{27a^3-8b^3}$

12 (1) $(x+y-2)(x+y+5)$

$=(A-2)(A+5)$

$=A^2+(-2+5)A+(-2)\cdot 5$

$=\boldsymbol{A^2+3A-10}$

(2) $A^2+3A-10=(x+y)^2+3(x+y)-10$

$=x^2+2xy+y^2+3x+3y-10$

$=\boldsymbol{x^2+y^2+2xy+3x+3y-10}$

13 (1) $(a+b+c)(a+b-c)$

$=\{(a+b)+c\}\{(a+b)-c\}$

$=(a+b)^2-c^2$

$=\boldsymbol{a^2+2ab+b^2-c^2}$

(2) $(a^2+a+2)(a^2+a+3)$

$=\{(a^2+a)+2\}\{(a^2+a)+3\}$

$=(a^2+a)^2+(2+3)(a^2+a)+2\cdot 3$

$=a^4+2a^3+a^2+5a^2+5a+6$

$=\boldsymbol{a^4+2a^3+6a^2+5a+6}$

(3) $(x^2+x-1)(x^2-x+1)$

$=\{x^2+(x-1)\}\{x^2-(x-1)\}$

$=(x^2)^2-(x-1)^2$

$=x^4-(x^2-2x+1)$

$=\boldsymbol{x^4-x^2+2x-1}$

(4) $(x+1)^2(x-1)^2=\{(x+1)(x-1)\}^2$

$=(x^2-1)^2$

$=\boldsymbol{x^4-2x^2+1}$

(5) $(x-1)(x-2)(x+1)(x+2)$

$=(x-1)(x+1)(x-2)(x+2)$

$=(x^2-1)(x^2-4)$

$=\boldsymbol{x^4-5x^2+4}$

(6) $(x-1)(x-2)(x+2)(x+3)$

$=(x-1)(x+2)(x-2)(x+3)$

$=(x^2+x-2)(x^2+x-6)$

$=\{(x^2+x)-2\}\{(x^2+x)-6\}$

$=(x^2+x)^2-8(x^2+x)+12$

$=x^4+2x^3+x^2-8x^2-8x+12$

$=\boldsymbol{x^4+2x^3-7x^2-8x+12}$

☑ 注意

(6)のような計算では，共通する項が出てくるように，かけあわせる組を工夫する。

4 因数分解 ①　(p.8〜9)

14 (1) $x^2+3x=\boldsymbol{x(x+3)}$

(2) $6a^2b-8ab^2=\boldsymbol{2ab(3a-4b)}$

(3) $(2+y)-x(2+y)=\boldsymbol{(2+y)(1-x)}$

(4) $1-a+b-ab=(1-a)+b(1-a)$

$=\boldsymbol{(1-a)(1+b)}$

15 (1) $x^2+10x+25=x^2+2\cdot 5\cdot x+5^2$

$=\boldsymbol{(x+5)^2}$

(2) $x^2-8x+16=x^2-2\cdot 4\cdot x+4^2$

$=\boldsymbol{(x-4)^2}$

(3) $4x^2-12xy+9y^2=(2x)^2-2\cdot 2x\cdot 3y+(3y)^2$

$=\boldsymbol{(2x-3y)^2}$

(4) $25a^2-64b^2=(5a)^2-(8b)^2$

$=\boldsymbol{(5a+8b)(5a-8b)}$

16 (1) $x^2+5x+6=x^2+(2+3)x+2\cdot 3$

$=\boldsymbol{(x+2)(x+3)}$

(2) $x^2-7xy+12y^2=x^2+(-3y-4y)x+(-3y)\cdot(-4y)$

$=\boldsymbol{(x-3y)(x-4y)}$

(3) $3a^2-3a-6=3(a^2-a-2)$

$=3\{a^2+(-2+1)a+(-2)\cdot 1\}$

$=\boldsymbol{3(a-2)(a+1)}$

17 (1) $3x^2-14x+8$

$=\boldsymbol{(3x-2)(x-4)}$

3	╳ −2	⟶	−2
1	−4	⟶	−12
3	8		−14

(2) $6x^2+29x+35$

$=\boldsymbol{(2x+5)(3x+7)}$

2	╳ 5	⟶	15
3	7	⟶	14
6	35		29

(3) $2x^2+3xy+y^2$

$=\boldsymbol{(2x+y)(x+y)}$

2	╳ y	⟶	y
1	y	⟶	$2y$
2	y^2		$3y$

18 (1) $x^3+64=x^3+4^3$

$=\boldsymbol{(x+4)(x^2-4x+16)}$

(2) $a^3-27b^3=a^3-(3b)^3$

$=\boldsymbol{(a-3b)(a^2+3ab+9b^2)}$

(3) $64x^3+8y^3=8(8x^3+y^3)$

$=8\{(2x)^3+y^3\}$

$=8(\boldsymbol{2x+y})(\boldsymbol{4x^2-2xy+y^2})$

(4) $16x^3-54y^3=2(8x^3-27y^3)$
$=2\{(2x)^3-(3y)^3\}$
$=\boldsymbol{2(2x-3y)(4x^2+6xy+9y^2)}$

(5) $8x^3+12x^2+6x+1$
$=(2x)^3+3\cdot(2x)^2\cdot1+3\cdot2x\cdot1^2+1^3$
$=\boldsymbol{(2x+1)^3}$

☑注意
因数分解では，はじめに共通因数をくくり出してから，公式を使うようにする。

5 因数分解 ② (p.10～11)

19 (1) $x-y=t$ とおくと，
$(x-y)^2-z^2=t^2-z^2$
$=(t+z)(t-z)$
$=\boldsymbol{(x-y+z)(x-y-z)}$

(2) $a+b=t$ とおくと，
$(a+b)^3+c^3=t^3+c^3$
$=(t+c)(t^2-tc+c^2)$
$=\{(a+b)+c\}\{(a+b)^2-(a+b)c+c^2\}$
$=\boldsymbol{(a+b+c)(a^2+2ab+b^2-ac-bc+c^2)}$

(3) $x+y=t$ とおくと，
$(x+y)^2-(x+y)-2=t^2-t-2$
$=(t-2)(t+1)$
$=\boldsymbol{(x+y-2)(x+y+1)}$

(4) $a^3=s$，$b^3=t$ とおくと，
$a^6-b^6=s^2-t^2$
$=(s+t)(s-t)$
$=(a^3+b^3)(a^3-b^3)$
$=(a+b)(a^2-ab+b^2)(a-b)(a^2+ab+b^2)$
$=\boldsymbol{(a+b)(a-b)(a^2+ab+b^2)(a^2-ab+b^2)}$

(5) $x^2=t$ とおくと，
$x^4-3x^2+2=t^2-3t+2$
$=(t-1)(t-2)$
$=(x^2-1)(x^2-2)$
$=\boldsymbol{(x+1)(x-1)(x^2-2)}$

(6) $(x+1)(x+2)(x+3)(x+4)-24$
$=(x+1)(x+4)(x+2)(x+3)-24$
$=(x^2+5x+4)(x^2+5x+6)-24$
ここで $x^2+5x=t$ とおくと，
(与式) $=(t+4)(t+6)-24$
$=t^2+10t$
$=t(t+10)$
$=(x^2+5x)(x^2+5x+10)$
$=\boldsymbol{x(x+5)(x^2+5x+10)}$

20 (1) b について整理すると，
$a^3+a^2b-a^2-b=(a^2-1)b+a^3-a^2$
$=(a+1)(a-1)b+a^2(a-1)$
$=(a-1)\{(a+1)b+a^2\}$
$=\boldsymbol{(a-1)(a^2+ab+b)}$

(2) a について整理すると，
$ab+b^2-a-b=(b-1)a+b^2-b$
$=(b-1)a+b(b-1)$
$=\boldsymbol{(b-1)(a+b)}$

(3) $a^2(b-c)+b^2(c-a)+c^2(a-b)$
$=a^2b-a^2c+b^2c-ab^2+ac^2-bc^2$
$=(b-c)a^2-(b^2-c^2)a+b^2c-bc^2$
$=(b-c)a^2-(b+c)(b-c)a+bc(b-c)$
$=(b-c)\{a^2-(b+c)a+bc\}$
$=(b-c)(a-b)(a-c)$
$=\boldsymbol{-(a-b)(b-c)(c-a)}$

21 (1) $x^2+3xy+2y^2+x-y-6$
$=x^2+(3y+1)x+2y^2-y-6$
$=x^2+(3y+1)x+(2y+3)(y-2)$
$=\boldsymbol{(x+2y+3)(x+y-2)}$

(2) $2x^2+xy-3y^2+5x+5y+2$
$=2x^2+(y+5)x-3y^2+5y+2$
$=2x^2+(y+5)x-(3y+1)(y-2)$
$=\{2x+(3y+1)\}\{x-(y-2)\}$
$=\boldsymbol{(2x+3y+1)(x-y+2)}$

$2 \quad 3y+1 \longrightarrow 3y+1$
$1 \quad -(y-2) \longrightarrow -2y+4$
$y+5$

22 $x^4+4=x^4+4x^2+4-4x^2$
$=(x^2+2)^2-4x^2$
$=(x^2+2)^2-(2x)^2$
$=(x^2+2+2x)(x^2+2-2x)$
$=(x^2+2x+2)(x^2-2x+2)$

① **2** ② $\boldsymbol{4x^2}$ ③ $\boldsymbol{x^2+2x+2}$ ④ $\boldsymbol{x^2-2x+2}$ (③，④は順不同)

23 (1) $P=(a+b+c)(a^2+b^2+c^2-ab-bc-ca)$
$=a^3+ab^2+ac^2-a^2b-abc-a^2c$
$+a^2b+b^3+bc^2-ab^2-b^2c-abc$
$+a^2c+b^2c+c^3-abc-bc^2-ac^2$
$=a^3+b^3+c^3-3abc$

(2) $x^3+y^3+3xy-1$
$=x^3+y^3+(-1)^3-3\cdot x\cdot y\cdot(-1)$
$=\{x+y+(-1)\}\{x^2+y^2+(-1)^2-x\cdot y-y\cdot(-1)$
$-(-1)\cdot x\}$
$=\boldsymbol{(x+y-1)(x^2+y^2-xy+x+y+1)}$

6 実　数 (p.12～13)

24 (1) $\dfrac{47}{33}=\boldsymbol{1.\dot{4}\dot{2}}$

(2) $\dfrac{107}{333}=\boldsymbol{0.\dot{3}2\dot{1}}$

25 (1) $x=2.\dot{3}\dot{4}$ とおくと，$100x-x=232$
よって，$x=\boldsymbol{\dfrac{232}{99}}$

(2) $x=0.\dot{3}4\dot{5}$ とおくと，$1000x-x=345$

よって，$x=\dfrac{345}{999}=\mathbf{\dfrac{115}{333}}$

26 (1) $x+1=0$，$2y+3=0$ を解いて，

$\boldsymbol{x=-1}$，$\boldsymbol{y=-\dfrac{3}{2}}$

(2) $3x+y+1=0$，$x-y+3=0$ を解いて，

$\boldsymbol{x=-1}$，$\boldsymbol{y=2}$

27 (1) $x-1=\pm3$　よって，$\boldsymbol{x=4,\ -2}$

(2) $2x+3=\pm2$　よって，$\boldsymbol{x=-\dfrac{5}{2},\ -\dfrac{1}{2}}$

(3) $x+3\geqq0$ すなわち $x\geqq-3$ のとき，$x+3=2x$

よって，$x=3$

これは $x\geqq-3$ を満たす。

$x+3<0$ すなわち $x<-3$ のとき，$-(x+3)=2x$

よって，$x=-1$

これは $x<-3$ を満たさない。

したがって，$\boldsymbol{x=3}$

☑注意

絶対値を含む方程式や不等式では，絶対値の中の式の符号によって場合分けを行う。

28 $\sqrt{x^2-2x+1}-\sqrt{x^2+4x+4}$

$=\sqrt{(x-1)^2}-\sqrt{(x+2)^2}$

$=|x-1|-|x+2|$

(1) $x<-2$ のとき，$x-1<0$，$x+2<0$ より，

(与式) $=-(x-1)+(x+2)=\mathbf{3}$

(2) $-2\leqq x<1$ のとき，$x-1<0$，$x+2\geqq0$ より，

(与式) $=-(x-1)-(x+2)=\boldsymbol{-2x-1}$

☑注意

$\sqrt{(-2)^2}=\sqrt{4}=2$ であるように，$\sqrt{a^2}=a$ は，いつも正しいとは限らないので注意する。

7 根号を含む式の計算　(p. 14〜15)

29 (1) $\sqrt{75}-\sqrt{\dfrac{3}{16}}+\sqrt{\dfrac{27}{49}}$

$=\sqrt{5^2\cdot3}-\sqrt{\dfrac{3}{4^2}}+\sqrt{\dfrac{3^2\cdot3}{7^2}}$

$=5\sqrt{3}-\dfrac{\sqrt{3}}{4}+\dfrac{3\sqrt{3}}{7}$

$=\mathbf{\dfrac{145}{28}\sqrt{3}}$

(2) $(3\sqrt{2}+2\sqrt{3})(5\sqrt{2}-2\sqrt{3})$

$=3\cdot5\cdot(\sqrt{2})^2-3\cdot2\cdot\sqrt{2}\cdot\sqrt{3}+2\cdot5\cdot\sqrt{3}\cdot\sqrt{2}-2^2\cdot(\sqrt{3})^2$

$=30-6\sqrt{6}+10\sqrt{6}-12$

$=\mathbf{18+4\sqrt{6}}$

(3) $\dfrac{\sqrt{3}+\sqrt{2}}{\sqrt{6}-2}=\dfrac{(\sqrt{3}+\sqrt{2})(\sqrt{6}+2)}{(\sqrt{6}-2)(\sqrt{6}+2)}$

$=\dfrac{\sqrt{3}\cdot\sqrt{6}+2\cdot\sqrt{3}+\sqrt{2}\cdot\sqrt{6}+2\cdot\sqrt{2}}{(\sqrt{6})^2-2^2}$

$=\dfrac{3\sqrt{2}+2\sqrt{3}+2\sqrt{3}+2\sqrt{2}}{6-4}$

$=\mathbf{\dfrac{5\sqrt{2}+4\sqrt{3}}{2}}$

(4) $\dfrac{\sqrt{3}}{\sqrt{6}+\sqrt{3}}-\dfrac{\sqrt{2}}{\sqrt{6}-\sqrt{3}}$

$=\dfrac{\sqrt{3}(\sqrt{6}-\sqrt{3})-\sqrt{2}(\sqrt{6}+\sqrt{3})}{(\sqrt{6}+\sqrt{3})(\sqrt{6}-\sqrt{3})}$

$=\dfrac{\sqrt{3}\cdot\sqrt{6}-(\sqrt{3})^2-\sqrt{2}\cdot\sqrt{6}-\sqrt{2}\cdot\sqrt{3}}{(\sqrt{6})^2-(\sqrt{3})^2}$

$=\dfrac{3\sqrt{2}-3-2\sqrt{3}-\sqrt{6}}{6-3}$

$=\mathbf{\dfrac{3\sqrt{2}-2\sqrt{3}-\sqrt{6}-3}{3}}$

30 (1) $(\sqrt{2}+\sqrt{5})^2$

$=(\sqrt{2})^2+2\cdot\sqrt{2}\cdot\sqrt{5}+(\sqrt{5})^2$

$=2+2\sqrt{10}+5$

$=\mathbf{7+2\sqrt{10}}$

(2) $(1+\sqrt{2}+\sqrt{5})(1+\sqrt{2}-\sqrt{5})$

$=\{(1+\sqrt{2})+\sqrt{5}\}\{(1+\sqrt{2})-\sqrt{5}\}$

$=(1+\sqrt{2})^2-(\sqrt{5})^2$

$=1+2\sqrt{2}+(\sqrt{2})^2-5$

$=1+2\sqrt{2}+2-5$

$=\mathbf{2\sqrt{2}-2}$

31 (1) $x+y$

$=\dfrac{\sqrt{3}-\sqrt{2}}{\sqrt{3}+\sqrt{2}}+\dfrac{\sqrt{3}+\sqrt{2}}{\sqrt{3}-\sqrt{2}}$

$=\dfrac{(\sqrt{3}-\sqrt{2})^2+(\sqrt{3}+\sqrt{2})^2}{(\sqrt{3}+\sqrt{2})(\sqrt{3}-\sqrt{2})}$

$=\dfrac{(\sqrt{3})^2-2\cdot\sqrt{3}\cdot\sqrt{2}+(\sqrt{2})^2+(\sqrt{3})^2+2\cdot\sqrt{3}\cdot\sqrt{2}+(\sqrt{2})^2}{(\sqrt{3})^2-(\sqrt{2})^2}$

$=\dfrac{3-2\sqrt{6}+2+3+2\sqrt{6}+2}{3-2}$

$=\mathbf{10}$

(2) $xy=\dfrac{\sqrt{3}-\sqrt{2}}{\sqrt{3}+\sqrt{2}}\cdot\dfrac{\sqrt{3}+\sqrt{2}}{\sqrt{3}-\sqrt{2}}$

$=\mathbf{1}$

(3) $x^2+y^2=(x+y)^2-2xy=10^2-2\cdot1$

$=100-2$

$=\mathbf{98}$

(4) $x^3+y^3=(x+y)(x^2-xy+y^2)=10\cdot(98-1)$

$=10\cdot97$

$=\mathbf{970}$

32 (1) $\dfrac{135}{2\sqrt{38}+\sqrt{17}}=\dfrac{135(2\sqrt{38}-\sqrt{17})}{(2\sqrt{38}+\sqrt{17})(2\sqrt{38}-\sqrt{17})}$

$=\dfrac{135(2\sqrt{38}-\sqrt{17})}{(2\sqrt{38})^2-(\sqrt{17})^2}$

$=\dfrac{135(2\sqrt{38}-\sqrt{17})}{152-17}$

$=\dfrac{135(2\sqrt{38}-\sqrt{17})}{135}$

$=\mathbf{2\sqrt{38}-\sqrt{17}}$

(2) 2 数の差をとると，

$$2\sqrt{17}-\frac{135}{2\sqrt{38}+\sqrt{17}}=2\sqrt{17}-(2\sqrt{38}-\sqrt{17})$$
$$=2\sqrt{17}-2\sqrt{38}+\sqrt{17}$$
$$=3\sqrt{17}-2\sqrt{38}$$

ここで，$(3\sqrt{17})^2=153$，$(2\sqrt{38})^2=152$ だから，
$3\sqrt{17}-2\sqrt{38}>0$

よって，$\boldsymbol{2\sqrt{17}>\frac{135}{2\sqrt{38}+\sqrt{17}}}$

☑注意
$A-B$ を計算して，結果が正であることが確かめられれば，$A>B$ であることが示される。

33 $\frac{2}{3-\sqrt{7}}=\frac{2(3+\sqrt{7})}{(3-\sqrt{7})(3+\sqrt{7})}$
$$=\frac{2(3+\sqrt{7})}{9-7}$$
$$=\frac{2(3+\sqrt{7})}{2}$$
$$=3+\sqrt{7}$$

$2<\sqrt{7}<3$ より，$5<3+\sqrt{7}<6$
よって，整数部分 $a=5$
小数部分 $b=(3+\sqrt{7})-5=\sqrt{7}-2$ だから，
$a^2+b^2=5^2+(\sqrt{7}-2)^2$
$=25+7-4\sqrt{7}+4$
$=\boldsymbol{36-4\sqrt{7}}$

8 1次不等式 (p.16〜17)

34 (1) $2x<4-2x$
$4x<4$
$\boldsymbol{x<1}$

(2) $0.1x-0.2\geqq 0.4x-0.7$
両辺を10倍して，
$x-2\geqq 4x-7$
$-3x\geqq -5$
$\boldsymbol{x\leqq\frac{5}{3}}$

(3) $3(2x-3)\leqq-(1-x)$
$6x-9\leqq x-1$
$5x\leqq 8$
$\boldsymbol{x\leqq\frac{8}{5}}$

(4) $\frac{2x-5}{3}<\frac{x+7}{2}-x$
$2(2x-5)<3(x+7)-6x$
$4x-10<3x+21-6x$
$7x<31$
$\boldsymbol{x<\frac{31}{7}}$

35 (1) $\begin{cases}2x-1\leqq\frac{x+7}{3} & \cdots\cdots①\\ 2x+5\geqq 3x+4 & \cdots\cdots②\end{cases}$

①より，$3(2x-1)\leqq x+7$
$6x-3\leqq x+7$
$5x\leqq 10$
$x\leqq 2$ ……①′ 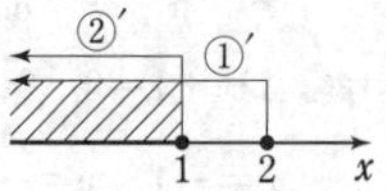
②より，$x\leqq 1$ ……②′
①′，②′より，$\boldsymbol{x\leqq 1}$

(2) $\begin{cases}-5x<2(x-5) & \cdots\cdots①\\ 2(x-5)<x-7 & \cdots\cdots②\end{cases}$

①より，$-5x<2x-10$
$7x>10$
$x>\frac{10}{7}$ ……①′
②より，$2x-10<x-7$
$x<3$ ……②′
①′，②′より，$\boldsymbol{\frac{10}{7}<x<3}$

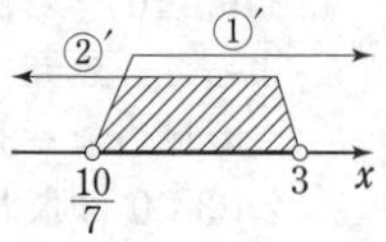

36 求める人数を x 人とすると，
$x\cdot 300>20\cdot 200$
$x>\frac{40}{3}$
よって，**14人以上**

37 (1) $x-2\leqq-3$ と $3\leqq x-2$ から，
$\boldsymbol{x\leqq -1,\ 5\leqq x}$

(2) $3x-1\geqq 0$ すなわち $x\geqq\frac{1}{3}$ のとき，
$3x-1<2x$ より，$x<1$
よって，$\frac{1}{3}\leqq x<1$ ……①
$3x-1<0$ すなわち $x<\frac{1}{3}$ のとき，
$-(3x-1)<2x$ より，$\frac{1}{5}<x$
よって，$\frac{1}{5}<x<\frac{1}{3}$ ……②
①，②より，$\boldsymbol{\frac{1}{5}<x<1}$

☑注意
$|A|$は，$A\geqq 0$ の場合と $A<0$ の場合で絶対値のはずし方がちがうので，$|3x-1|$も $3x-1\geqq 0$ と $3x-1<0$ の2通りの場合に分けて考える。

第2章 集合と命題

9 集 合 (p.18〜19)

38 (1) $\boldsymbol{A=\{2,\ 3,\ 5,\ 7\}}$
(2) $\boldsymbol{B=\{18,\ 24,\ 30\}}$
(3) $\boldsymbol{C=\{1,\ 3,\ 5,\ 15\}}$

☑注意
1は素数ではない。

39 (1) $\boldsymbol{A=\{x\,|\,x}$ **は10以下の正の偶数**$\boldsymbol{\}}$
別解 (1) $\boldsymbol{A=\{2k\,|\,k=1,\ 2,\ 3,\ 4,\ 5\}}$

(2)$\boldsymbol{B=\{x^2|x=1,\ 2,\ 3,\ 4,\ 5,\ 6,\ 7\}}$

40 (1)$A\cup B=\{$**1, 3, 5, 6, 7, 9, 11, 12, 13, 15**$\}$

(2)$A\cap B=\{$**3, 9, 15**$\}$

(3)$\overline{A}=\{$**2, 4, 6, 8, 10, 12, 14**$\}$

(4)ド・モルガンの法則より，

$\overline{A}\cup\overline{B}=\overline{A\cap B}$

$=\{$**1, 2, 4, 5, 6, 7, 8, 10, 11, 12, 13, 14**$\}$

(5)ド・モルガンの法則より，

$\overline{A}\cap\overline{B}=\overline{A\cup B}$

$=\{$**2, 4, 8, 10, 14**$\}$

(6)$A\cap\overline{A}=\varnothing$

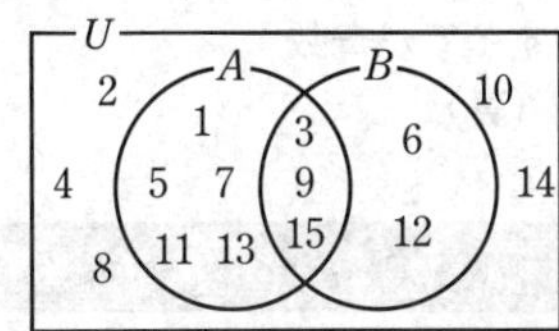

41 $B=\left\{x\middle|x\geqq\dfrac{a+1}{2}\right\}$ であるから，$A\supset B$ となるためには，$3\leqq\dfrac{a+1}{2}$

これより，$\boldsymbol{5\leqq a}$

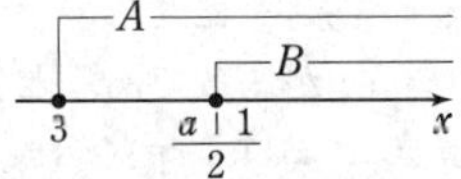

> ☑注意
>
> 「$A\supset B$」の定義から，$3=\dfrac{a+1}{2}$ でもよいことに注意する。

42 右の図より，

(1)$A\cap B\cap C=\{$**−1**$\}$

(2)$(A\cap C)\cup B=\{$**−1, 2, 3, 5**$\}$

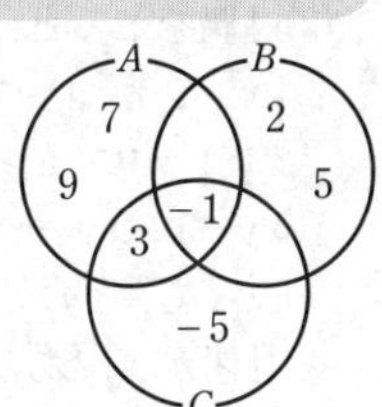

⑩命　題　(p.20～21)

43 (1)**真**

証明：$a^2+b^2=0$ を満たす実数 a，b は

$a=b=0$ のみである。

よって，$a-b=0$ である。

(2)**偽**

反例：$a=-1$，$b=-2$

(3)**偽**

反例：$a=0.5$，$b=0.5$

> ☑注意
>
> 命題が偽であることを示すときに使うもので，仮定を満たすが結論を満たさない例を**反例**という。

44 (1)**整数 n は 0 でなく，かつ偶数である。**

別解　**整数 n は 0 でない偶数である。**

(2)$\boldsymbol{x\leqq2}$ **または** $\boldsymbol{y>3}$

(3)$\boldsymbol{x}$**，**$\boldsymbol{y}$**，**$\boldsymbol{z}$ **はすべて 0 でない。**

(4)$\boldsymbol{x\neq1}$ **または** $\boldsymbol{y\neq1}$ **または** $\boldsymbol{z\neq1}$

45 (1)**または**

(2)$x^2+y^2\neq0$ を「$x^2+y^2=0$」の否定として考える。

$x^2+y^2\neq0\iff$「$x^2+y^2=0$」の否定

$\iff$「$x=0$ かつ $y=0$」の否定

$\iff x\neq0$ または $y\neq0$

よって，□には，「**または**」が入る。

(3)$xy>0$

$\iff$ ($x>0$ かつ $y>0$)または($x<0$ かつ $y<0$)

よって，□には順に，「**かつ，または，かつ**」が入る。

⑪命題と条件　(p.22～23)

46 (1)「$x=3\Longrightarrow x^2=3x$」は真である。

「$x=3\Longleftarrow x^2=3x$」は，$x=0$ が反例となるから，偽である。

よって，**イ**

(2)「$a^2=b^2\Longrightarrow a=b$」は，$a=1$，$b=-1$ が反例となるから，偽である。

「$a^2=b^2\Longleftarrow a=b$」は真である。

よって，**ア**

(3)「$(x-1)^2+(y-1)^2=0\Longrightarrow x=y=1$」は真である。

「$(x-1)^2+(y-1)^2=0\Longleftarrow x=y=1$」は真である。

よって，**ウ**

(4)鋭角三角形とは，角がすべて鋭角（0°より大きく，90°より小さい角）である三角形のことである。

「$\angle\mathrm{A}<90°\Longrightarrow\triangle\mathrm{ABC}$ が鋭角三角形」は，

$\angle\mathrm{A}=30°$，$\angle\mathrm{B}=120°$，$\angle\mathrm{C}=30°$ が反例となるから，偽である。

「$\angle\mathrm{A}<90°\Longleftarrow\triangle\mathrm{ABC}$ が鋭角三角形」は真である。

よって，**ア**

47 (1)「$a+b$ と $a-b$ がともに奇数 $\Longrightarrow$ a と b がともに整数である」は真である。

なぜならば，$a+b$ と $a-b$ がともに奇数のとき，

$a=\dfrac{(a+b)+(a-b)}{2}$

$b=\dfrac{(a+b)-(a-b)}{2}$

であり，$(a+b)+(a-b)$，$(a+b)-(a-b)$ は偶数だから，2 で割っても，a，b は整数となるから。

「$a+b$ と $a-b$ がともに奇数 $\Longleftarrow$ a と b がともに整数である」は，$a=2$，$b=0$ が反例となるから，偽である。

よって，**イ**

(2)$(a-1)(b-1)>0$ すなわち $a>1$ かつ $b>1$，$a<1$ かつ $b<1$ のうち，$a+b>2$ を満たすのは $a>1$ かつ $b>1$ だけであるから，

$a+b>2$ かつ $(a-1)(b-1)>0$ と，$a>1$ かつ $b>1$ は同値である。
よって，ウ

(3)「$\dfrac{1}{x}<1 \Longrightarrow x>1$」は，$x=-1$ が反例となるから，偽である。
「$\dfrac{1}{x}<1 \Longleftarrow x>1$」は，真である。
よって，ア

(4)「$(x-1)(y-1)(z-1)=0 \Longrightarrow x=y=z=1$」は，$x=1$，$y=1$，$z=2$ が反例となるから，偽である。
「$(x-1)(y-1)(z-1)=0 \Longleftarrow x=y=z=1$」は真である。
よって，ア

(5)「$(x-1)^2+(y-1)^2+(z-1)^2=0$
$\Longrightarrow x=y=z=1$」は真である。
「$(x-1)^2+(y-1)^2+(z-1)^2=0$
$\Longleftarrow x=y=z=1$」も真である。
よって，ウ

(6)「$a^2+b^2>0 \Longrightarrow a=0$ または $b=0$」は，$a=1$，$b=1$ が反例となるから，偽である。
「$a^2+b^2>0 \Longleftarrow a=0$ または $b=0$」は，$a=b=0$ が反例となるから，偽である。
よって，エ

⑫ 命題とその逆・裏・対偶 （p.24～25）

48 (1)逆：$\boldsymbol{a^2+b^2=2ab \Longrightarrow a=b}$ **（真）**
裏：$\boldsymbol{a \neq b \Longrightarrow a^2+b^2 \neq 2ab}$ **（真）**
対偶：$\boldsymbol{a^2+b^2 \neq 2ab \Longrightarrow a \neq b}$ **（真）**
(2)逆：$\boldsymbol{a \neq b \Longrightarrow a^2 \neq b^2}$ **（偽）**
（反例：$a=1$，$b=-1$）
裏：$\boldsymbol{a^2=b^2 \Longrightarrow a=b}$ **（偽）**
対偶：$\boldsymbol{a=b \Longrightarrow a^2=b^2}$ **（真）**
(3)逆：$\boldsymbol{a \neq 2}$ **または** $\boldsymbol{b \neq 1}$
$\boldsymbol{\Longrightarrow (a-2)^2+(b-1)^2 \neq 0}$ **（真）**
裏：$\boldsymbol{(a-2)^2+(b-1)^2=0}$
$\boldsymbol{\Longrightarrow a=2}$ **かつ** $\boldsymbol{b=1}$ **（真）**
対偶：$\boldsymbol{a=2}$ **かつ** $\boldsymbol{b=1}$
$\boldsymbol{\Longrightarrow (a-2)^2+(b-1)^2=0}$ **（真）**

> ☑注意
> 逆と裏は，真偽が一致する。もとの命題と対偶も真偽が一致する。したがって，真偽が判断しやすいほうを用いて決定する。
> 一般的に「または」よりも「かつ」のほうが，$\neq$よりも$=$のほうが考えやすいことが多い。

49 (1)もとの命題は**偽**
（反例：$x=1$，$y=2$，$a=0$）
逆：$\boldsymbol{a^2x<a^2y \Longrightarrow x<y}$ **（真）**
裏：$\boldsymbol{x \geqq y \Longrightarrow a^2x \geqq a^2y}$ **（真）**
対偶：$\boldsymbol{a^2x \geqq a^2y \Longrightarrow x \geqq y}$ **（偽）**
(2)もとの命題は**真**
逆：$\boldsymbol{x+y \geqq 3 \Longrightarrow x \geqq 1}$ **かつ** $\boldsymbol{y \geqq 2}$ **（偽）**
（反例：$x=5$，$y=-1$）
裏：$\boldsymbol{x<1}$ **または** $\boldsymbol{y<2 \Longrightarrow x+y<3}$ **（偽）**
対偶：$\boldsymbol{x+y<3 \Longrightarrow x<1}$ **または** $\boldsymbol{y<2}$ **（真）**
(3)もとの命題は**真**
逆：$\boldsymbol{a}$，$\boldsymbol{b}$，$\boldsymbol{c}$ **のうち少なくとも1つは偶数**
$\boldsymbol{\Longrightarrow abc}$ **が偶数 （真）**
裏：$\boldsymbol{abc}$ **が奇数**
$\boldsymbol{\Longrightarrow a}$，$\boldsymbol{b}$，$\boldsymbol{c}$ **のすべてが奇数 （真）**
対偶：$\boldsymbol{a}$，$\boldsymbol{b}$，$\boldsymbol{c}$ **のすべてが奇数**
$\boldsymbol{\Longrightarrow abc}$ **が偶数 （真）**

⑬ 命題と証明 （p.26～27）

50 (1)対偶をとると，
「整数 n について，n が偶数ならば，n^2 は偶数である」になる。
n が偶数であると仮定すると，$n=2k$（k は整数）とおける。
n^2 を計算すると，$n^2=(2k)^2=2(2k^2)$
となるから，n^2 も偶数となる。
対偶が真であると示せたから，もとの命題も真である。
(2)対偶をとると，
「$x>1$ かつ $y>1$ ならば $xy>1$」になる。
$x>1$ かつ $y>1$ と仮定するとき，
$xy-1>xy-x=x(y-1)>0$
よって，$xy>1$
対偶が真であると示せたから，もとの命題も真である。

51 $\sqrt{6}$ が無理数でないと仮定する。
無理数でない実数は有理数だから，1 以外に公約数をもたない正の整数 m，n に対して ……①
$\sqrt{6}=\dfrac{m}{n}$ とおける。
両辺を 2 乗すると，$6=\dfrac{m^2}{n^2}$　$6n^2=m^2$
よって，m^2 は 6 の倍数である。
6 は素数 2 と 3 の積だから，m が 6 の倍数でないならば，m^2 は 6 の倍数にならない。
だから，m は 6 の倍数である。……②
$m=6k$（k は正の整数）
とおくとき，$6n^2=m^2$ へ代入して，
$n^2=6k^2$
となり，n^2 は 6 の倍数である。
よって，n は 6 の倍数である。……③
②，③より，m と n がともに 6 の倍数となり，①に矛盾する。
ゆえに，$\sqrt{6}$ は無理数である。

52 (1)$\sqrt{2}$ を無理数，a と b を有理数とし，
$a+b\sqrt{2}=0$ ……Ⓐ とする。

$b\neq0$ とすると，$\sqrt{2}=-\dfrac{a}{b}$

とできて，右辺は有理数どうしの商で有理数であるが，左辺は無理数なので，矛盾する。
よって，$b=0$ でなければならない。
$b=0$ をⒶへ代入すると，$a=0$ となる。
ゆえに，$a=b=0$ となる。

(2)$x=1+\sqrt{2}$ を $x^2+ax+b=0$ へ代入すると，
$(1+\sqrt{2})^2+a(1+\sqrt{2})+b=0$
$(3+a+b)+(2+a)\sqrt{2}=0$
$\sqrt{2}$ が無理数だから，(1)より，

$$\begin{cases}3+a+b=0\\2+a=0\end{cases}$$

よって，$\boldsymbol{a=-2}$，$\boldsymbol{b=-1}$

☑注意
「方程式の解」とは，その等式に代入したときに等号が成立する x の値のことである。

53 (1)任意の有理数を a，任意の無理数を p とするとき，$a+p$ が有理数 r であると仮定する。
$a+p=r$
$p=r-a$
右辺は有理数どうしの差だから，有理数である。
左辺は無理数だから，矛盾する。
よって，有理数と無理数の和は必ず無理数である。

(2)0 でない任意の有理数を a，任意の無理数を p とするとき，ap が有理数 r であると仮定する。
$ap=r$

a は 0 でないから，$p=\dfrac{r}{a}$

右辺は有理数どうしの商だから，有理数である。
左辺は無理数だから，矛盾する。
よって，0 でない有理数と無理数の積は無理数である。

☑注意
有理数とは，整数 m と正の整数 n を用いて分数 $\dfrac{m}{n}$ の形に表せる数である。したがって，有理数どうしの和，差，積，商は，ふたたび分子と分母が整数の分数で表せるから，有理数である。

第3章 ｜ 2次関数

⑭関数とグラフ (p.28～29)

54 (1)$f(1)=1^2-2\times1=\boldsymbol{-1}$
$f(-2)=(-2)^2-2\times(-2)=\boldsymbol{8}$
$f\left(\dfrac{1}{2}\right)=\left(\dfrac{1}{2}\right)^2-2\times\left(\dfrac{1}{2}\right)=\boldsymbol{-\dfrac{3}{4}}$

(2)$f(a-1)-f(a+1)=\{(a-1)^2-2(a-1)\}$
$\qquad-\{(a+1)^2-2(a+1)\}$
$\qquad=(a^2-4a+3)-(a^2-1)$
$\qquad=\boldsymbol{-4a+4}$

☑注意
$f(a-1)$ は，$f(x)$ において $x=a-1$ を代入した値である。

55 (1)グラフは右の図。
(2)グラフより，
$\boldsymbol{-3\leqq y<5}$
(3)$x=-1$ のとき，最小値-3
最大値は**ない**。
(4)**(1，1)，(2，3)**

56 (1)$x\geqq-1$ のとき，
$y=x+1$
$x<-1$ のとき，
$y=-(x+1)$
すなわち，$y=-x-1$
よって，グラフは右の図。

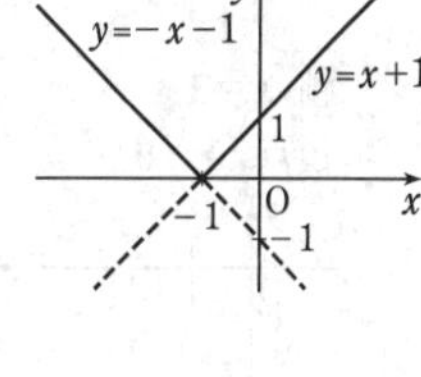

(2)$x\geqq0$ のとき，
$y=x\times x=x^2$
$x<0$ のとき，
$y=x\times(-x)=-x^2$
よって，グラフは右の図。

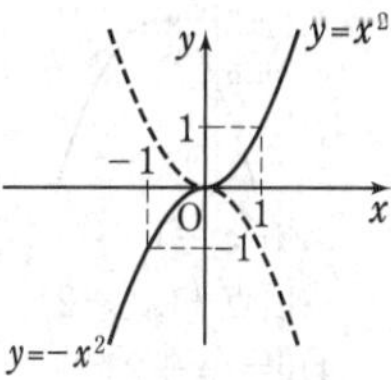

57 (1)$x<-1$ のとき，
$y=-2(x+1)-(x-3)$ より，$y=-3x+1$
$-1\leqq x<3$ のとき，
$y=2(x+1)-(x-3)$ より，$y=x+5$
$3\leqq x$ のとき，
$y=2(x+1)+(x-3)$ より，$y=3x-1$
よって，グラフは下の図。

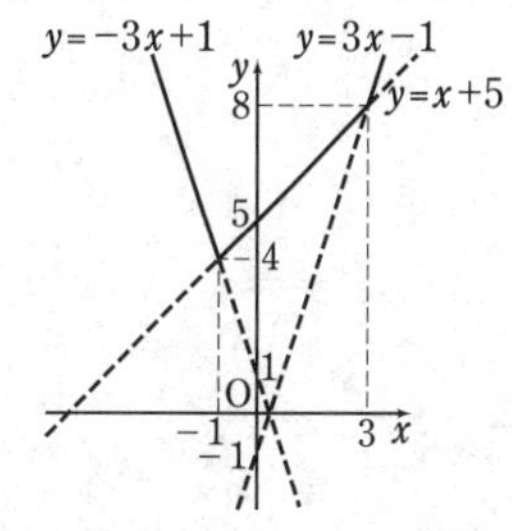

(2)グラフより，$x=-1$ のとき，最小値**4**
(3)グラフにおいて $y\geqq5$ を満たす x の値の範囲を求めればよいので，
$-3x+1\geqq5$，$x+5\geqq5$

よって，$\boldsymbol{x\leqq-\dfrac{4}{3}}$，$\boldsymbol{0\leqq x}$

☑注意
絶対値を含む方程式や不等式は，グラフを用いて解くことができる。

⑮ 2次関数のグラフ　（p.30〜31）

58 (1)

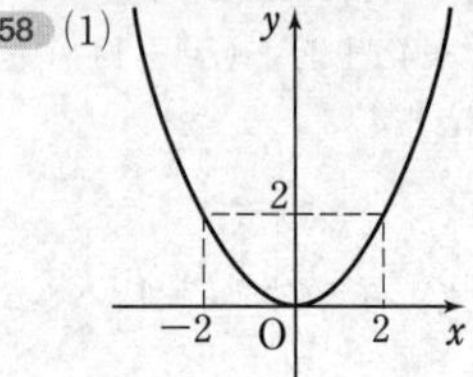

軸　$\boldsymbol{x=0}$

頂点 $(\mathbf{0},\ \mathbf{0})$

(2)

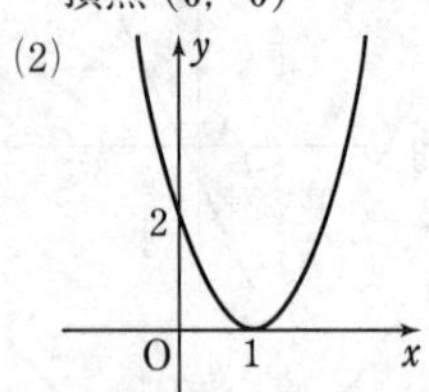

軸　$\boldsymbol{x=1}$

頂点 $(\mathbf{1},\ \mathbf{0})$

(3)

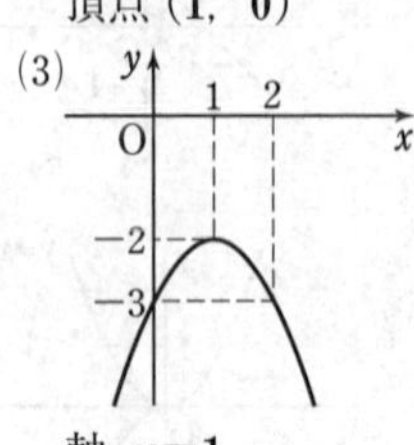

軸　$\boldsymbol{x=1}$

頂点 $(\mathbf{1},\ \mathbf{-2})$

(4) $y=(x+2)^2$

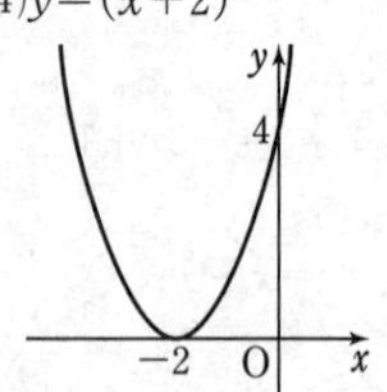

軸　$\boldsymbol{x=-2}$

頂点 $(\mathbf{-2},\ \mathbf{0})$

(5) $y=2(x-2)^2+1$

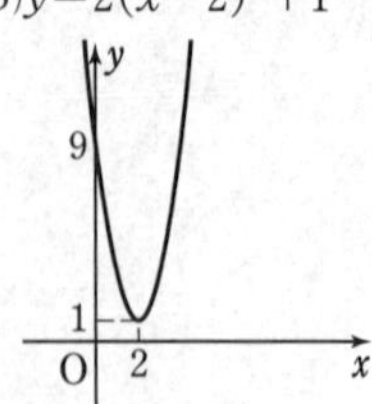

軸　$\boldsymbol{x=2}$

頂点 $(\mathbf{2},\ \mathbf{1})$

(6) $y=-\dfrac{1}{3}(x-3)^2+1$

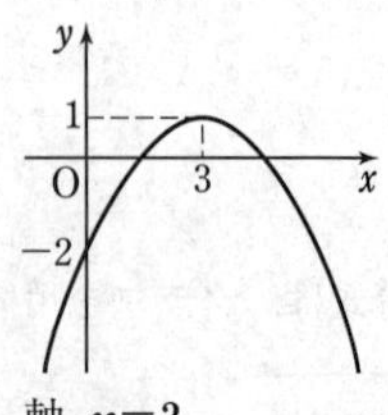

軸　$\boldsymbol{x=3}$

頂点 $(\mathbf{3},\ \mathbf{1})$

59 (1)頂点は $(0,\ 0)$ から $(3,\ -2)$ へ移動するので，

$y=3(x-3)^2-2$

よって，$\boldsymbol{y=3x^2-18x+25}$

(2)頂点は $(1,\ 4)$ から $(4,\ 2)$ へ移動するので，

$y=(x-4)^2+2$

よって，$\boldsymbol{y=x^2-8x+18}$

(3) $y=2x^2+4x-1=2(x+1)^2-3$

頂点は $(-1,\ -3)$ から $(2,\ -5)$ へ移動するので，

$y=2(x-2)^2-5$

よって，$\boldsymbol{y=2x^2-8x+3}$

(4) $y=-x^2-6x-1=-(x+3)^2+8$

頂点は $(-3,\ 8)$ から $(0,\ 6)$ へ移動するので，

$\boldsymbol{y=-x^2+6}$

別解　グラフの平行移動については，次のことが成り立つ。

$y=f(x)$ のグラフを x 軸方向に p，y 軸方向に q だけ平行移動すると，$y-q=f(x-p)$ のグラフになる。

(3) $y-(-2)=2(x-3)^2+4(x-3)-1$

これより，$\boldsymbol{y=2x^2-8x+3}$

60 $y=x^2+4x+5=(x+2)^2+1$

(1)頂点は $(-2,\ 1)$ から $(-2,\ -1)$ へ移るので，求める2次関数は，$y=-(x+2)^2-1$

よって，$\boldsymbol{y=-x^2-4x-5}$

(2)頂点は $(-2,\ 1)$ から $(2,\ -1)$ へ移るので，求める2次関数は，$y=-(x-2)^2-1$

よって，$\boldsymbol{y=-x^2+4x-5}$

別解　グラフの対称移動については，次のことが成り立つ。

$y=f(x)$ のグラフを x 軸，y 軸，原点に関してそれぞれ対称移動すると，そのグラフの方程式は，

x 軸…$-y=f(x)$

y 軸…$y=f(-x)$

原点…$-y=f(-x)$

(1) $-y=x^2+4x+5$　すなわち，$\boldsymbol{y=-x^2-4x-5}$

(2) $-y=(-x)^2+4\times(-x)+5$　すなわち，

$\boldsymbol{y=-x^2+4x-5}$

⑯ 2次関数の最大・最小 ①　（p.32〜33）

61 $y=x^2-6x+1$ より，

$y=(\boldsymbol{x-3})^2-8$ ……①

頂点は $(\mathbf{3},\ \mathbf{-8})$ ……②

よって，

$x\leqq\mathbf{3}$ で，減少 ……③

$x\geqq\mathbf{3}$ で，増加 ……④

するから，グラフより，$\boldsymbol{x=3}$

で最小値 $\mathbf{-8}$ をとり，最大値はない。……⑤，⑥

62 (1) $x=-1$ のとき最小値 4，最大値は**ない**。

(2) $y=3x^2+9x-2=3\left(x+\frac{3}{2}\right)^2-\frac{35}{4}$ だから，

$x=-\frac{3}{2}$ のとき最小値 $\boldsymbol{-\frac{35}{4}}$，最大値は**ない**。

(3) $y=-2x^2+x-3=-2\left(x-\frac{1}{4}\right)^2-\frac{23}{8}$ だから，

$x=\frac{1}{4}$ のとき最大値 $\boldsymbol{-\frac{23}{8}}$，最小値は**ない**。

(4) $y=2(x+1)(x-3)=2(x-1)^2-8$ だから，
$x=1$ のとき最小値 -8，最大値はない。

63 $2x-y=1$ より，$y=2x-1$ ……①
これを $4x^2-3y^2$ へ代入すると，

$$\begin{aligned}4x^2-3y^2&=4x^2-3(2x-1)^2\\&=4x^2-3(4x^2-4x+1)\\&=-8x^2+12x-3\\&=-8\left(x-\frac{3}{4}\right)^2+\frac{3}{2}\end{aligned}$$

$x=\frac{3}{4}$ のとき，①より $y=\frac{1}{2}$ であるから，

$x=\frac{3}{4}$，$y=\frac{1}{2}$ のとき，最大値 $\frac{3}{2}$

64 (1) $y=x^2-2ax+a-1=(x-a)^2-a^2+a-1$
よって，$x=a$ のとき，最小値 $\boldsymbol{k=-a^2+a-1}$

(2) $k=-\left(a-\frac{1}{2}\right)^2-\frac{3}{4}$ だから，

$a=\frac{1}{2}$ のとき，k の最大値 $-\frac{3}{4}$

⑰ 2次関数の最大・最小 ②　(p.34～35)

65 (1)グラフは右の図のようになるから，
$x=1$ のとき，最大値 12
$x=-1$ のとき，最小値 4

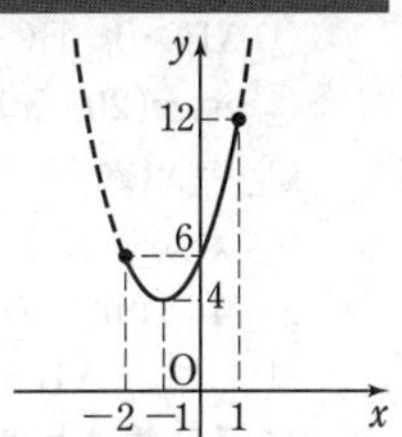

(2) $y=-x^2+3x$
$=-\left(x-\frac{3}{2}\right)^2+\frac{9}{4}$
グラフは右の図のようになるから，
$x=1$ のとき，最大値 2
$x=-1$ のとき，最小値 -4

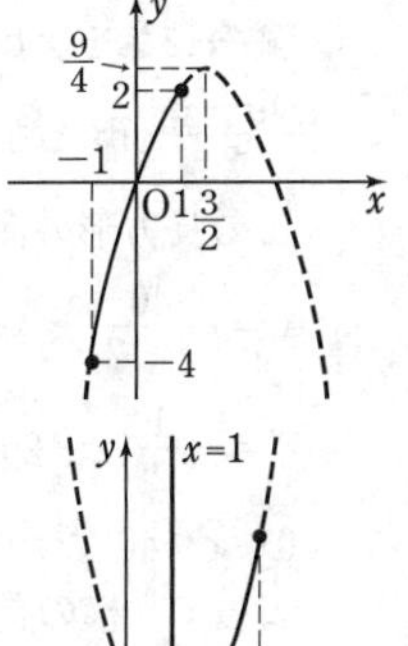

66 $y=x^2-2x+m$
$=(x-1)^2+m-1$
より，軸の方程式は $x=1$
よって，$0\leqq x\leqq 3$ において，
y は $x=1$ のとき最小，$x=3$ のとき最大となる。

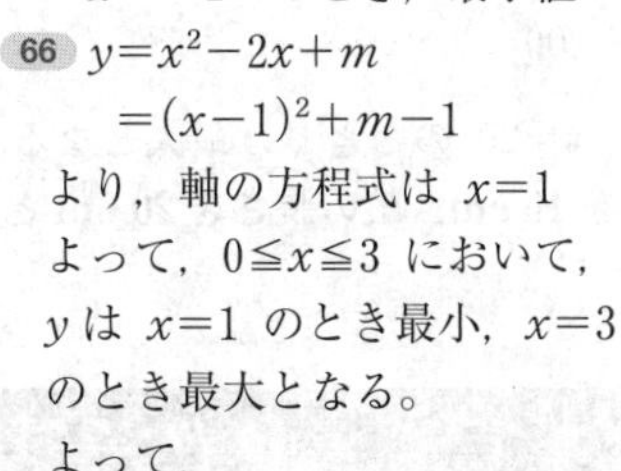

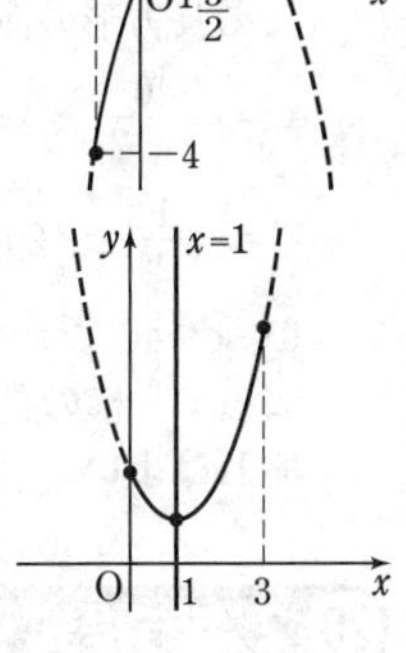

よって，
$x=3$ のとき，最大値 $m+3$
$x=1$ のとき，最小値 $m-1$

67 $y=-x+2$ とすると，$y\geqq 0$ だから，
$-x+2\geqq 0$ より，$x\leqq 2$
よって，$0\leqq x\leqq 2$
このとき，

$$\begin{aligned}2x^2-y^2+1&=2x^2-(-x+2)^2+1\\&=x^2+4x-3\\&=(x+2)^2-7\end{aligned}$$

となるから，
$x=0$，$y=2$ のとき，最小になり，
最小値 $-2^2+1=-4+1=\boldsymbol{-3}$
$x=2$，$y=0$ のとき，最大となり，
最大値 $2\cdot 2^2+1=8+1=\boldsymbol{9}$

> ☑注意
> x の変域について，$y\geqq 0$ から導かれる「$x\leqq 2$」に注意すること。

68 $f(x)=-x^2+2ax+3$ とおくと，
$f(x)=-(x-a)^2+a^2+3$

(i) $a<-2$ のとき，
$x=-2$ で最大となる。
最大値 $f(-2)$
$=-(-2)^2+2a\cdot(-2)+3$
$=-4a-1$

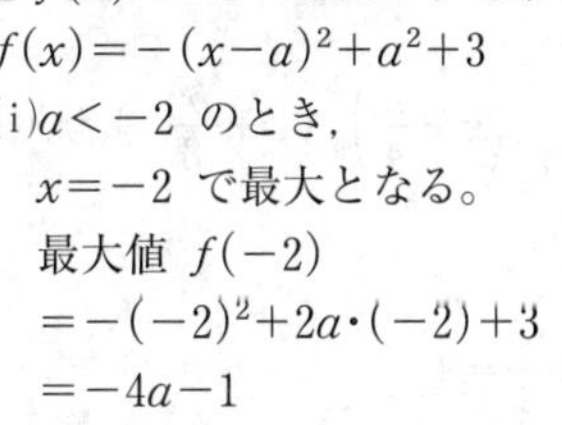

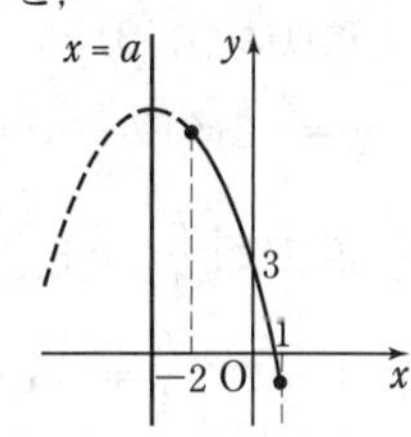

(ii) $-2\leqq a<1$ のとき，
$x=a$ で最大となる。
最大値 $f(a)$
$=-a^2+2a^2+3$
$=a^2+3$

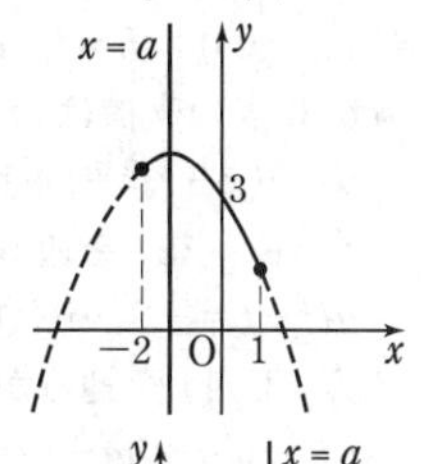

(iii) $1\leqq a$ のとき，
$x=1$ で最大となる。
最大値 $f(1)$
$=-1^2+2a\cdot 1+3$
$=2a+2$

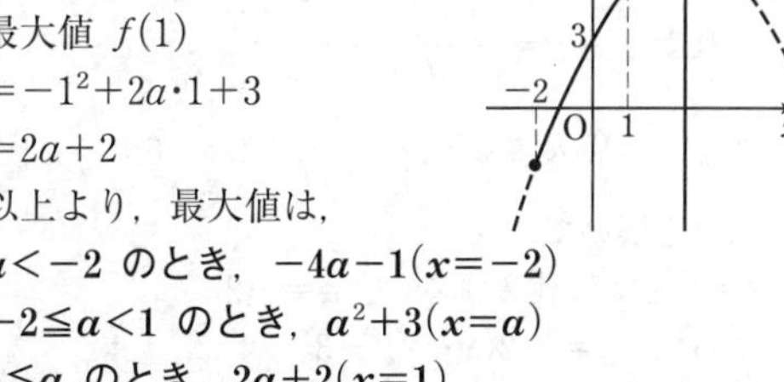

以上より，最大値は，
$a<-2$ のとき，$-4a-1$ ($x=-2$)
$-2\leqq a<1$ のとき，a^2+3 ($x=a$)
$1\leqq a$ のとき，$2a+2$ ($x=1$)

> ☑注意
> 定義域と軸の位置関係によって場合分けを行う。

⑱ 2次関数の決定　(p.36～37)

69 (1) $y=a(x-2)^2+1$ とおく。
点 $(1,\ 3)$ を通るから，
$3=a+1$ より，$a=2$
よって，$\boldsymbol{y=2(x-2)^2+1}$

(2) $y=a(x-1)^2+q$ とおく。
点 $(2,\ -5)$ を通るから，$-5=a+q$ ……①
点 $(3,\ -2)$ を通るから，$-2=4a+q$ ……②
①，②より，$a=1$，$q=-6$

よって，$\boldsymbol{y=(x-1)^2-6}$

(3) $y=ax^2+bx+c$ とおく。

点 (1, −5) を通るから，$-5=a+b+c$ ……①

点 (−1, 7) を通るから，$7=a-b+c$ ……②

点 (0, −2) を通るから，$-2=c$ ……③

①，②，③より，

$a=3,\ b=-6,\ c=-2$

よって，$\boldsymbol{y=3x^2-6x-2}$

(4) $y=a(x+1)(x-3)$ とおく。

点 (5, 6) を通るから，

$6=a\cdot6\cdot2$

$a=\dfrac{1}{2}$

よって，$\boldsymbol{y=\dfrac{1}{2}(x+1)(x-3)}$

70 $y=x^2-2x+4=(x-1)^2+3$ より，

頂点は (1, 3)

$y=-2x^2+bx+c=-2\left(x-\dfrac{b}{4}\right)^2+c+\dfrac{b^2}{8}$ より，

頂点は $\left(\dfrac{b}{4},\ c+\dfrac{b^2}{8}\right)$

よって，$\dfrac{b}{4}=1,\ c+\dfrac{b^2}{8}=3$

これより，$\boldsymbol{b=4,\ c=1}$

71 頂点の座標は $(t,\ t+1)$ とおくことができるから，

$y=a(x-t)^2+t+1$ とおく。

点 (0, −5) を通るから，$-5=at^2+t+1$

$at^2+t=-6$ ……①

点 (3, 1) を通るから，$1=a(3-t)^2+t+1$

$at^2-6at+9a+t=0$ ……②

①，②より，$-6at+9a-6=0$

これより，$a=\dfrac{2}{3-2t}$ ……③

③を①へ代入すると，$\dfrac{2t^2}{3-2t}+t=-6$

これを解いて，$t=2$

$t=2$ を③に代入すると，$a=-2$

よって，$\boldsymbol{y=-2(x-2)^2+3}$

72 右の図のように，グラフは x 軸と (−1, 0)，(5, 0) で交わるから，

$y=a(x+1)(x-5)$ とおける。

点 (2, −3) を通るから，

$-3=a\cdot3\cdot(-3)$

$a=\dfrac{1}{3}$

よって，$\boldsymbol{y=\dfrac{1}{3}(x+1)(x-5)}$

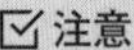

注意

2次関数 $y=a(x-\alpha)(x-\beta)$ では，$x=\alpha,\ \beta\ (\alpha<\beta)$ をそれぞれ代入すると y の値は0となる。このことから，グラフが $(\alpha,\ 0)$，$(\beta,\ 0)$ を通ることがわかる。

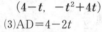

⑲ 2次関数の利用 (p.38〜39)

73 $y=-x^2+4x=-(x-2)^2+4$ より，軸は $x=2$

(1)右の図のグラフより，

$\boldsymbol{0<t<2}$

(2)C の x 座標は $x=4-t$

C の y 座標は

$y=-(4-t)^2+4(4-t)$

$=-t^2+4t$

よって，頂点 C の座標は

$\boldsymbol{(4-t,\ -t^2+4t)}$

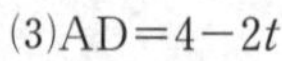

(3) $AD=4-2t$

$AB=-t^2+4t$

よって，

$y=2\{(4-2t)+(-t^2+4t)\}$

$\boldsymbol{y=-2t^2+4t+8}$

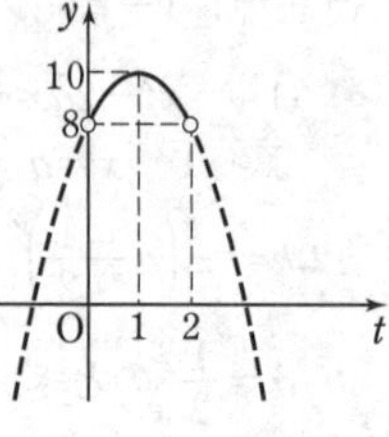

(4) $y=-2(t-1)^2+10$ で，

$0<t<2$ だから，

$\boldsymbol{t=1}$ **のとき，$\boldsymbol{y}$ の最大値は 10**

74 (1) AB$=x$ cm だから，BC$=(20-x)$ cm となる。

①AB>0，BC>0 より，$\boldsymbol{0<x<20}$

② $\boldsymbol{y=x(20-x)}$

③ $y=x(20-x)=-x^2+20x=-(x-10)^2+100$

$0<x<20$ だから，y が最大値になるのは，

$x=10$ (cm) のときである。

よって，**AB=10 cm，BC=10 cm となるように折り曲げればよい。**

(2)縦の長さを x cm とすると，横の長さは

$\dfrac{40-x}{2}$ cm となる。

この長方形の面積を y cm² とすると，

$y=x\cdot\dfrac{40-x}{2}$

$=-\dfrac{1}{2}(x-20)^2+200$

$0<x<40$ だから，$x=20$ のとき y は最大となる。

よって，**横の長さを 10 cm，縦の長さを 20 cm とすればよい。**

⑳ 2次方程式 (p.40〜41)

75 (1) $\boldsymbol{x=2,\ -5}$

(2) $(x+2)(x+3)=0$ より，$\boldsymbol{x=-2,\ -3}$

(3) $(x-6)^2=0$ より，$\boldsymbol{x=6}$

(4) $(2x+1)(2x-3)=0$ より，$\boldsymbol{x=-\frac{1}{2},\ \frac{3}{2}}$

76 (1) $x=\dfrac{-5\pm\sqrt{5^2-4\times1\times2}}{2\times1}=\boldsymbol{\dfrac{-5\pm\sqrt{17}}{2}}$

(2) $x=\dfrac{-(-7)\pm\sqrt{(-7)^2-4\times3\times(-1)}}{2\times3}=\boldsymbol{\dfrac{7\pm\sqrt{61}}{6}}$

(3) $x=\dfrac{-3\pm\sqrt{3^2-3\times(-1)}}{3}=\dfrac{-3\pm\sqrt{12}}{3}$

$=\boldsymbol{\dfrac{-3\pm2\sqrt{3}}{3}}$

(4) $x=-(-\sqrt{3})\pm\sqrt{(-\sqrt{3})^2-1\times(-2)}=\boldsymbol{\sqrt{3}\pm\sqrt{5}}$

(5) $b^2-4ac=(-1)^2-4\times4\times2=-31<0$ より，

解なし

77 (1) $(-5)^2-4\times1\times(m-2)>0$ より，$\boldsymbol{m<\frac{33}{4}}$

(2) $(2m)^2-4\times2\times(3m+8)=0$ より，

$m^2-6m-16=0$

$(m+2)(m-8)=0$

よって，$\boldsymbol{m=-2,\ 8}$

(i) $m=-2$ のとき，

$2x^2-4x+2=0$

$x^2-2x+1=0$

$(x-1)^2=0$

よって，$\boldsymbol{x=1}$

(ii) $m=8$ のとき，

$2x^2+16x+32=0$

$x^2+8x+16=0$

$(x+4)^2=0$

よって，$\boldsymbol{x=-4}$

☑注意

2次方程式の解の個数は判別式 $D=b^2-4ac$ の値の符号で判別する。

78 (1) $t^2-14t+24=0$

$(t-2)(t-12)=0$ より，

$\boldsymbol{t=2,\ 12}$

(2) (1)より，$x^2-x=2$ ……㋐　$x^2-x=12$ ……㋑

㋐より，$x^2-x-2=0$　$(x-2)(x+1)=0$

よって，$x=2,\ -1$

㋑より，$x^2-x-12=0$　$(x-4)(x+3)=0$

よって，$x=4,\ -3$

したがって，$\boldsymbol{x=-3,\ -1,\ 2,\ 4}$

79 道の幅を x m とすると，$0<x<15$ で，

$(15-x)(18-x)=180$

$270-33x+x^2=180$

$x^2-33x+90=0$

$(x-3)(x-30)=0$

よって，$x=3,\ 30$

$0<x<15$ だから，$x=3$

よって，道の幅は **3 m**

㉑ 2次関数と2次方程式　(p.42～43)

80 (1) $y=x^2-4x-12$

$=(x-2)^2-16$

より，グラフは右の図のようになる。

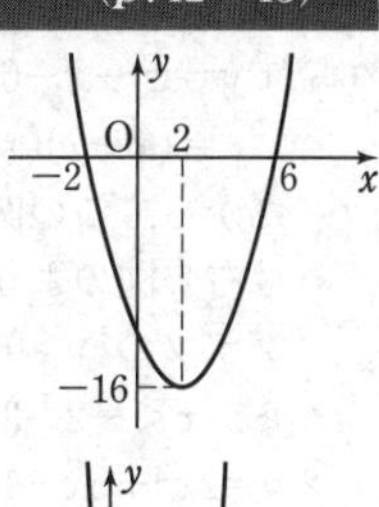

共有点は**2個**

x 座標は $\boldsymbol{x=-2,\ 6}$

(2) $y=4x^2-4x+1$

$=4\left(x-\frac{1}{2}\right)^2$

より，グラフは右の図のようになる。

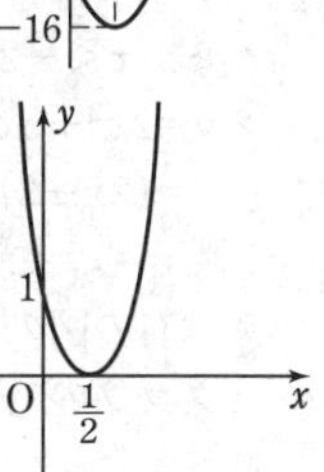

共有点は**1個**

x 座標は $\boldsymbol{x=\frac{1}{2}}$

(3) $y=x^2+6x+10$

$=(x+3)^2+1$

より，グラフは右の図のようになる。

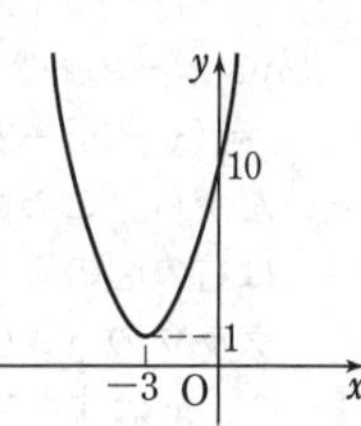

共有点は**ない**。

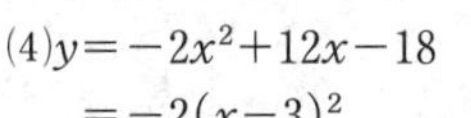

(4) $y=-2x^2+12x-18$

$=-2(x-3)^2$

より，グラフは右の図のようになる。

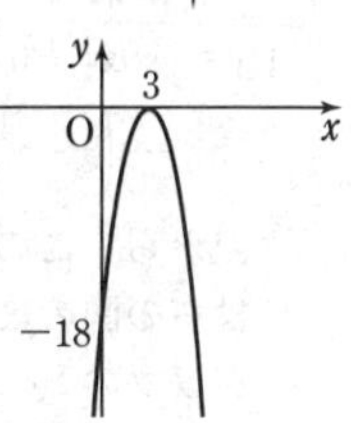

共有点は**1個**

x 座標は $\boldsymbol{x=3}$

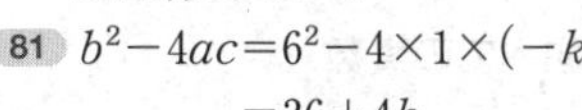

81 $b^2-4ac=6^2-4\times1\times(-k)$

$=36+4k$

よって，$36+4k=0$ より，$\boldsymbol{k=-9}$

また，このとき，$y=x^2+6x+9$

$=(x+3)^2$

より，接点の座標は $\boldsymbol{(-3,\ 0)}$

別解　頂点の y 座標が 0 であることを用いてもよい。

$y=x^2+6x-k$

$=(x+3)^2-k-9$

より，頂点の座標は，

$(-3,\ -k-9)$

$-k-9=0$ から，$\boldsymbol{k=-9}$

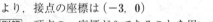

82 (1) $y=-2x^2+4x+m-3$

$=-2(x-1)^2+m-1$

より，頂点の座標は $\boldsymbol{(1,\ m-1)}$

(2) $b^2-4ac=4^2-4\times(-2)\times(m-3)$

$=8(m-1)$

$m-1>0$ より，$\boldsymbol{m>1}$

別解　上に凸のグラフだから，頂点が x 軸より上側にあればよい。

$m-1>0$ より，$\boldsymbol{m>1}$

(3) $b^2-4ac=8(m-1)<0$ より，$\boldsymbol{m<1}$

別解　頂点が x 軸より下側にあればよいので，

$m-1<0$ より，$\boldsymbol{m<1}$

㉒ 2次関数と2次不等式　(p.44～45)

(p.44～45)

83 (1) $y=x^2-x-6$
$=(x+2)(x-3)$
だから，この関数のグラフは右の図のようになる。
グラフの $y>0$ の部分だから，$\boldsymbol{x<-2,\ 3<x}$

(2) $y=2x^2+5x-12$
$=(2x-3)(x+4)$
だから，この関数のグラフは右の図のようになる。
グラフの $y<0$ の部分だから，$\boldsymbol{-4<x<\dfrac{3}{2}}$

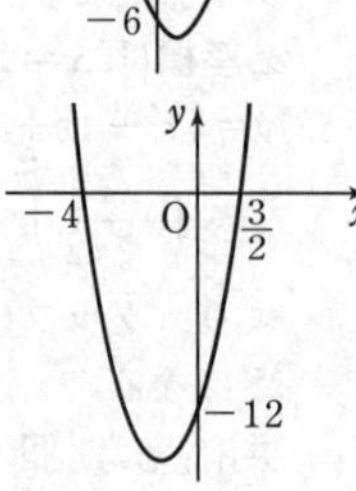

(3) $y=x^2-2x+3$
$=(x-1)^2+2$
だから，この関数のグラフは右の図のようになる。
グラフの $y>0$ の部分だから，**x はすべての実数**

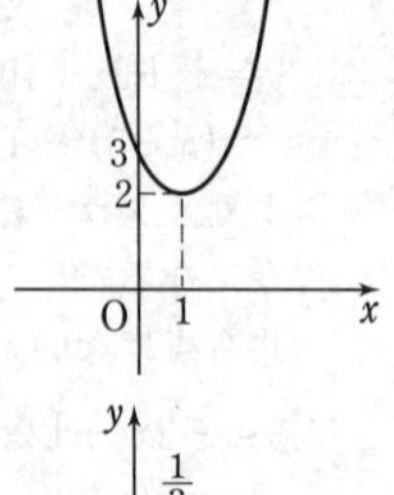

(4) $y=-9x^2+6x-1$
$=-9\left(x-\dfrac{1}{3}\right)^2$
だから，この関数のグラフは右の図のようになる。
グラフの $y<0$ の部分だから，**x は $\dfrac{1}{3}$ 以外のすべての実数**

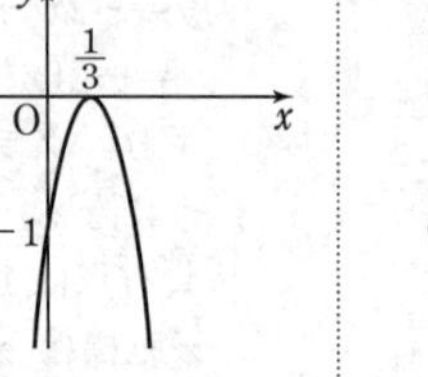

☑注意
$a>0$，$\alpha<\beta$ のとき，
・$a(x-\alpha)(x-\beta)>0$ の解は，
$x<\alpha$，$\beta<x$
・$a(x-\alpha)(x-\beta)<0$ の解は，
$\alpha<x<\beta$

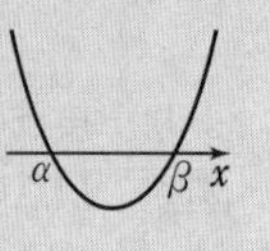

84 グラフは下に凸より，
$m>0$ ……①
また，グラフが x 軸と共有点をもたないので，
$6^2-4m(m-1)<0$
$9-m(m-1)<0$
$m^2-m-9>0$
これより，
$m<\dfrac{1-\sqrt{37}}{2}$，$\dfrac{1+\sqrt{37}}{2}<m$ ……②
①，②より，$\boldsymbol{\dfrac{1+\sqrt{37}}{2}<m}$

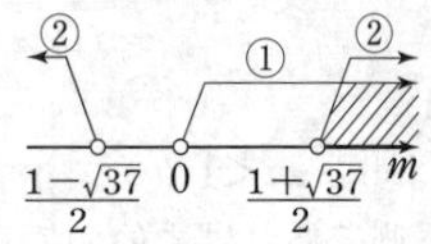

85 (1) $\begin{cases} x^2+4x-12\geqq 0 & \cdots\cdots① \\ x^2-3x-4\leqq 0 & \cdots\cdots② \end{cases}$
①より，$(x+6)(x-2)\geqq 0$
$x\leqq -6$，$2\leqq x$……①′
②より，$(x-4)(x+1)\leqq 0$
$-1\leqq x\leqq 4$……②′
①′，②′ より，$\boldsymbol{2\leqq x\leqq 4}$

(2) $\begin{cases} 3x<x^2 & \cdots\cdots① \\ x^2<2x+1 & \cdots\cdots② \end{cases}$
①より，$x(x-3)>0$
$x<0$，$3<x$……①′
②より，$x^2-2x-1<0$
$1-\sqrt{2}<x<1+\sqrt{2}$ ……②′
①′，②′ より，
$\boldsymbol{1-\sqrt{2}<x<0}$

86 $x^2+ax+3a=0$ が実数解をもつので，
$a^2-12a\geqq 0$
これより，$a\leqq 0$，$12\leqq a$……①
$x^2-ax+a^2-1=0$ が実数解をもつので，
$(-a)^2-4(a^2-1)\geqq 0$
$3a^2-4\leqq 0$
これより，$-\dfrac{2\sqrt{3}}{3}\leqq a\leqq \dfrac{2\sqrt{3}}{3}$ ……②
①，②より，
$\boldsymbol{-\dfrac{2\sqrt{3}}{3}\leqq a\leqq 0}$

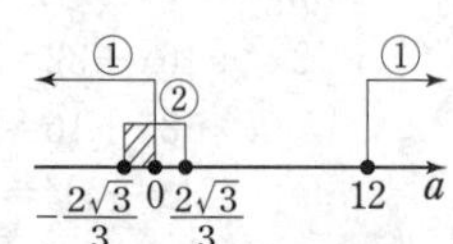

㉓ 2次不等式の利用　(p.46～47)

87 (1) $y=0$ だから，
$-5t^2+30t=0$
$t^2-6t=0$
$t(t-6)=0$
$t>0$ より，$t=6$
よって，**6秒後**

(2) $y\geqq 25$ だから，
$-5t^2+30t\geqq 25$
$t^2-6t+5\leqq 0$
$(t-1)(t-5)\leqq 0$
これより，$1\leqq t\leqq 5$
よって，**1秒後から5秒後までの間**

88 $y=x^2-2ax-a+2=(x-a)^2-a^2-a+2$
だから，頂点の座標は$(a,\ -a^2-a+2)$
頂点が第1象限にあるので，
$\begin{cases} a>0 & \cdots\cdots① \\ -a^2-a+2>0 & \cdots\cdots② \end{cases}$
②より，$a^2+a-2<0$
$(a+2)(a-1)<0$

よって，$-2<a<1$……②′

①，②′ より，$\boldsymbol{0<a<1}$

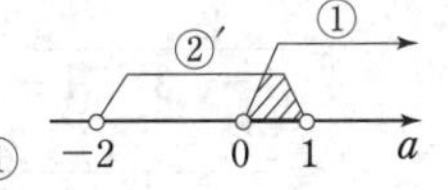

89 $\begin{cases} x^2-7x+10<0 & \cdots\cdots① \\ x^2+(1-a)x-a>0 & \cdots\cdots② \end{cases}$

①より，$(x-5)(x-2)<0$

よって，$2<x<5$ ……①′

②より，$(x-a)(x+1)>0$

(i) $a \leqq -1$ のとき

②の解は，

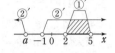

$x<a$，$-1<x$ ……②′

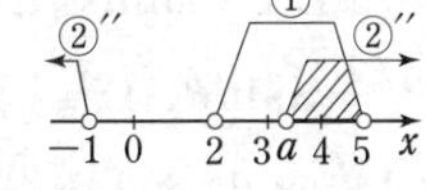

このとき連立不等式の解は

$2<x<5$ となり，整数が 2 つ含まれるので，不適。

(ii) $-1<a$ のとき

②の解は

$x<-1$，$a<x$ ……②″

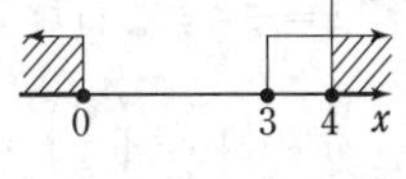

連立不等式の解に 1 つの整数が含まれる条件は，$3 \leqq a<4$

以上より，求める a の範囲は，$\boldsymbol{3 \leqq a<4}$

☑注意

a と -1 の大小関係で場合分けする。

90 (i) $x^2-3x \geqq 0$ すなわち $x \leqq 0$，$3 \leqq x$ のとき，

$x^2-3x \geqq x$

$x^2-4x \geqq 0$

$x(x-4) \geqq 0$

よって，$x \leqq 0$，$4 \leqq x$

これより，$x \leqq 0$，$4 \leqq x$

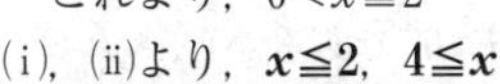

(ii) $x^2-3x<0$ すなわち $0<x<3$ のとき，

$-x^2+3x \geqq x$

$x^2-2x \leqq 0$

$x(x-2) \leqq 0$

よって，$0 \leqq x \leqq 2$

これより，$0<x \leqq 2$

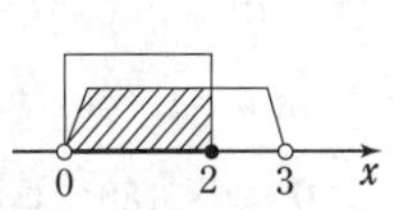

(i)，(ii)より，$\boldsymbol{x \leqq 2,\ 4 \leqq x}$

☑注意

絶対値の中の符号，すなわち，

(i) $x^2-3x \geqq 0$　(ii) $x^2-3x<0$

の 2 通りの場合に分けて考える。

㉔ 2次方程式の解の存在範囲 (p.48〜49)

91 $f(x)=2x^2-x+a$ とおくと，$f(-1)>0$ かつ $f(0)<0$ かつ $f(1)>0$

であればよいので，

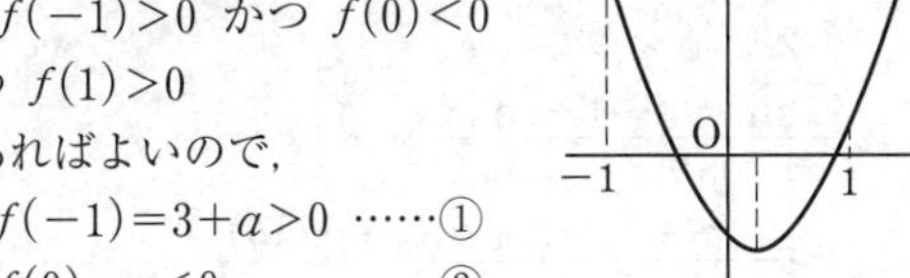

$\begin{cases} f(-1)=3+a>0 & \cdots\cdots① \\ f(0)=a<0 & \cdots\cdots② \\ f(1)=1+a>0 & \cdots\cdots③ \end{cases}$

①より，$a>-3$

③より，$a>-1$

よって，$\boldsymbol{-1<a<0}$

92 (1) $y=x^2-2ax-3a+4$

$=(x-a)^2-a^2-3a+4$

よって，頂点の座標は $\boldsymbol{(a,\ -a^2-3a+4)}$

(2) $f(x)=x^2-2ax-3a+4$ とおくと，

$f(x)=0$ は異なる 2 つの実数解をもつので，

$(-a)^2+3a-4>0$

$(a+4)(a-1)>0$

よって，$a<-4$，$1<a$……①

$f(0)>0$ より，

$f(0)=-3a+4>0$

よって，$a<\dfrac{4}{3}$ ……②

軸が正より，

$a>0$ ……③

①，②，③より，

$\boldsymbol{1<a<\dfrac{4}{3}}$

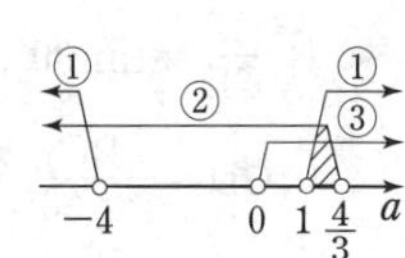

(3) ①と $f(0)<0$ より，$\boldsymbol{a>\dfrac{4}{3}}$

第4章 | 図形と計量

㉕ 鋭角の三角比 (p.50〜51)

93 (1) $BC^2=17^2-15^2=64$ より，$BC=8$

よって，$\sin A=\boldsymbol{\dfrac{8}{17}}$，$\cos A=\boldsymbol{\dfrac{15}{17}}$，$\tan A=\boldsymbol{\dfrac{8}{15}}$

(2) $AB^2=6^2+2^2=40$ より，$AB=2\sqrt{10}$

よって，$\sin A=\boldsymbol{\dfrac{3}{\sqrt{10}}}$，$\cos A=\boldsymbol{\dfrac{1}{\sqrt{10}}}$，$\tan A=\boldsymbol{3}$

94 (1) $\sin 30°+\cos 45°=\dfrac{1}{2}+\dfrac{1}{\sqrt{2}}$

$=\dfrac{1}{2}+\dfrac{\sqrt{2}}{2}$

$=\boldsymbol{\dfrac{1+\sqrt{2}}{2}}$

(2) $\sin^2 45°-\tan^2 30°=\left(\dfrac{1}{\sqrt{2}}\right)^2-\left(\dfrac{1}{\sqrt{3}}\right)^2$

$=\dfrac{1}{2}-\dfrac{1}{3}$

$=\boldsymbol{\dfrac{1}{6}}$

(3) $\dfrac{\sin 30°}{\sin 60°-\cos 60°}=\dfrac{\dfrac{1}{2}}{\dfrac{\sqrt{3}}{2}-\dfrac{1}{2}}$

$=\dfrac{1}{\sqrt{3}-1}$

$=\dfrac{\sqrt{3}+1}{(\sqrt{3}-1)(\sqrt{3}+1)}$

$=\boldsymbol{\dfrac{\sqrt{3}+1}{2}}$

95 (1)$\dfrac{AH}{AB}=\cos 60°$ より，$AB=\dfrac{AH}{\cos 60°}$

よって，$AB=\dfrac{2}{\frac{1}{2}}=\mathbf{4}$

(2)$\dfrac{AH}{AC}=\sin 60°$ より，$AC=\dfrac{AH}{\sin 60°}$

よって，$AC=\dfrac{2}{\frac{\sqrt{3}}{2}}=\dfrac{4}{\sqrt{3}}=\mathbf{\dfrac{4\sqrt{3}}{3}}$

(3)$\dfrac{AB}{BC}=\cos 30°$ より，$BC=\dfrac{AB}{\cos 30°}$

よって，$BC=\dfrac{4}{\frac{\sqrt{3}}{2}}=\dfrac{8}{\sqrt{3}}=\mathbf{\dfrac{8\sqrt{3}}{3}}$

96 (1)$\dfrac{BC}{CD}=\tan 30°$ より，

$CD=\dfrac{BC}{\tan 30°}=\dfrac{1}{\frac{1}{\sqrt{3}}}=\mathbf{\sqrt{3}}$

(2)$AD=BD=2$ となるから，

$AB^2=AC^2+BC^2$
$=(2+\sqrt{3})^2+1^2$
$=8+4\sqrt{3}$
$=(\sqrt{8+2\sqrt{12}})^2$
$=(\sqrt{6+2+2\sqrt{6\cdot 2}})^2$
$=(\sqrt{6}+\sqrt{2})^2$

よって，$AB=\mathbf{\sqrt{6}+\sqrt{2}}$

(3)$\cos 15°=\dfrac{AC}{AB}$
$=\dfrac{2+\sqrt{3}}{\sqrt{6}+\sqrt{2}}$
$=\dfrac{(2+\sqrt{3})(\sqrt{6}-\sqrt{2})}{(\sqrt{6}+\sqrt{2})(\sqrt{6}-\sqrt{2})}$
$=\mathbf{\dfrac{\sqrt{6}+\sqrt{2}}{4}}$

26 鈍角の三角比　(p.52〜53)

97 (1)$\mathbf{\dfrac{1}{2}}$　(2)$\mathbf{-\dfrac{\sqrt{2}}{2}}$　(3)$\mathbf{-\sqrt{3}}$　(4)**0**　(5)**0**

98 (1)$\sin 150°+\cos 120°=\dfrac{1}{2}-\dfrac{1}{2}=\mathbf{0}$

(2)$\tan 120°\sin 120°+\sin 45°\cos 135°$
$=(-\sqrt{3})\cdot\dfrac{\sqrt{3}}{2}+\dfrac{1}{\sqrt{2}}\cdot\left(-\dfrac{1}{\sqrt{2}}\right)$
$=-\dfrac{3}{2}-\dfrac{1}{2}$
$=\mathbf{-2}$

(3)$\dfrac{1}{\sin 150°+\cos 30°}+\dfrac{1}{\cos 60°-\sin 120°}$
$=\dfrac{1}{\frac{1}{2}+\frac{\sqrt{3}}{2}}+\dfrac{1}{\frac{1}{2}-\frac{\sqrt{3}}{2}}$
$=\dfrac{2}{1+\sqrt{3}}+\dfrac{2}{1-\sqrt{3}}$
$=\dfrac{2(1-\sqrt{3})+2(1+\sqrt{3})}{1^2-(\sqrt{3})^2}$
$=\mathbf{-2}$

99 $\sin 45°=\dfrac{1}{\sqrt{2}}$，

$\sin 150°=\dfrac{1}{2}$

右の図より，
最大値は $\sin 90°=1$
最小値は $\sin 150°=\dfrac{1}{2}$
よって，$\sin\theta$ のとりうる値の範囲は

$\mathbf{\dfrac{1}{2}\leqq \sin\theta\leqq 1}$

100 $\cos\theta=x$ とおくと，$-1\leqq\cos\theta\leqq 1$ より，
$-1\leqq x\leqq 1$

$y=x^2-x=\left(x-\dfrac{1}{2}\right)^2-\dfrac{1}{4}$

だから，この関数のグラフは
右の図のようになる。
$x=-1$ すなわち $\cos\theta=-1$
より $\theta=180°$ のとき，
最大値 $y=(-1)^2-(-1)=\mathbf{2}$

$x=\dfrac{1}{2}$ すなわち $\cos\theta=\dfrac{1}{2}$ より $\theta=60°$ のとき，

最小値 $y=\left(\dfrac{1}{2}\right)^2-\dfrac{1}{2}=\mathbf{-\dfrac{1}{4}}$

27 三角比の相互関係 ①　(p.54〜55)

101 $\sin^2\theta+\cos^2\theta=1$ より，

$\sin^2\theta=1-\cos^2\theta=1-\left(-\dfrac{1}{3}\right)^2=\dfrac{8}{9}$

$90°<\theta<180°$ より $\sin\theta>0$ であるから，

$\sin\theta=\mathbf{\dfrac{2\sqrt{2}}{3}}$

また，$\tan\theta=\dfrac{\sin\theta}{\cos\theta}=\dfrac{\frac{2\sqrt{2}}{3}}{-\frac{1}{3}}=\mathbf{-2\sqrt{2}}$

102 (1)$(\sin\theta+\cos\theta)^2+(\sin\theta-\cos\theta)^2$
$=\sin^2\theta+2\sin\theta\cos\theta+\cos^2\theta$
$\quad+\sin^2\theta-2\sin\theta\cos\theta+\cos^2\theta$
$=2(\sin^2\theta+\cos^2\theta)$
$=\mathbf{2}$

(2)$\dfrac{\sin\theta}{1+\cos\theta}-\dfrac{1-\cos\theta}{\sin\theta}$
$=\dfrac{\sin^2\theta-(1-\cos\theta)(1+\cos\theta)}{(1+\cos\theta)\sin\theta}$
$=\dfrac{\sin^2\theta-(1-\cos^2\theta)}{(1+\cos\theta)\sin\theta}$

$=\dfrac{\sin^2\theta+\cos^2\theta-1}{(1+\cos\theta)\sin\theta}$

$=\mathbf{0}$

103 (1) $\dfrac{1}{1+\sin\theta}+\dfrac{1}{1-\sin\theta}=\dfrac{1-\sin\theta+1+\sin\theta}{(1+\sin\theta)(1-\sin\theta)}$

$=\dfrac{2}{1-\sin^2\theta}$

$=\dfrac{2}{\cos^2\theta}$

$=2(1+\tan^2\theta)$

$=2(1+2^2)$

$=\mathbf{10}$

(2) $\cos^4\theta+\sin^4\theta=(\cos^2\theta+\sin^2\theta)^2-2\cos^2\theta\sin^2\theta$

$=1^2-2\cos^2\theta\sin^2\theta$

$=1-2\cos^2\theta(1-\cos^2\theta)$

$\cos^2\theta=\dfrac{1}{1+\tan^2\theta}=\dfrac{1}{1+2^2}=\dfrac{1}{5}$ より，

(与式) $=1-2\cdot\dfrac{1}{5}\left(1-\dfrac{1}{5}\right)=1-\dfrac{8}{25}=\mathbf{\dfrac{17}{25}}$

☑注意

$1+\tan^2\theta=\dfrac{1}{\cos^2\theta}$ より，$\cos^2\theta=\dfrac{1}{1+\tan^2\theta}$ が成り立つ。

104 (1) $\sin\theta-\cos\theta=\dfrac{1}{2}$ の両辺を 2 乗して，

$(\sin\theta-\cos\theta)^2=\left(\dfrac{1}{2}\right)^2$

$\sin^2\theta-2\sin\theta\cos\theta+\cos^2\theta=\dfrac{1}{4}$

$1-2\sin\theta\cos\theta=\dfrac{1}{4}$

$-2\sin\theta\cos\theta=-\dfrac{3}{4}$

よって，$\sin\theta\cos\theta=\mathbf{\dfrac{3}{8}}$

(2) $0°\leqq\theta\leqq180°$ より，$\sin\theta\geqq0$

さらに，(1)より $\sin\theta\cos\theta>0$ であるから，

$\mathbf{\cos\theta>0}$

(3) $(\sin\theta+\cos\theta)^2=\sin^2\theta+2\sin\theta\cos\theta+\cos^2\theta$

$=1+2\sin\theta\cos\theta$

$=1+2\cdot\dfrac{3}{8}$

$=\dfrac{7}{4}$

$\sin\theta>0$，$\cos\theta>0$ より，$\sin\theta+\cos\theta>0$

よって，$\sin\theta+\cos\theta=\mathbf{\dfrac{\sqrt{7}}{2}}$

☑注意

(3) $\sin\theta+\cos\theta$ の値を求めるために，まず，$(\sin\theta+\cos\theta)^2$ の値を求める。

28 三角比の相互関係 ② (p.56～57)

105 (1) $\sin 80°=\sin(90°-10°)=\mathbf{\cos 10°}$

(2) $\cos 53°=\cos(90°-37°)=\mathbf{\sin 37°}$

(3) $\tan 75°=\tan(90°-15°)=\mathbf{\dfrac{1}{\tan 15°}}$

(4) $\sin 153°=\sin(180°-27°)=\mathbf{\sin 27°}$

(5) $\cos 144°=\cos(180°-36°)=\mathbf{-\cos 36°}$

(6) $\tan 155°=\tan(180°-25°)=\mathbf{-\tan 25°}$

☑注意

$90°-\theta$，$180°-\theta$ の三角比の公式により，180° までの角の三角比は，いつでも 45°以下の角の三角比として求められる。

106 (1) $\cos^2(90°-\theta)+\cos^2\theta=\sin^2\theta+\cos^2\theta=\mathbf{1}$

(2) $\cos(90°-\theta)\sin\theta+\cos\theta\sin(90°-\theta)$

$=\sin^2\theta+\cos^2\theta$

$=\mathbf{1}$

(3) $\sin(180°-\theta)\cos(90°-\theta)$

$-\cos(180°-\theta)\sin(90°-\theta)$

$=\sin^2\theta+\cos^2\theta$

$=\mathbf{1}$

(4) $\tan(15°+\theta)\tan(75°-\theta)$

$=\tan(15°+\theta)\tan\{90°-(15°+\theta)\}$

$=\tan(15°+\theta)\cdot\dfrac{1}{\tan(15°+\theta)}$

$=\mathbf{1}$

107 (1) $A+B+C=180°$ より，$B+C=180°-A$

よって，

$\cos A+\cos(B+C)=\cos A+\cos(180°-A)$

$=\cos A-\cos A$

$=0$

(2) $B+C=180°-A$ より，$\dfrac{B+C}{2}=90°-\dfrac{A}{2}$

よって，

$\sin\dfrac{B+C}{2}=\sin\left(90°-\dfrac{A}{2}\right)$

$=\cos\dfrac{A}{2}$

29 三角比と方程式・不等式 (p.58～59)

108 (1) $\mathbf{\theta=45°,\ 135°}$　(2) $\mathbf{\theta=120°}$

(3) $\tan\theta=\dfrac{1}{\sqrt{3}}$ より，$\mathbf{\theta=30°}$

109 (1) $\cos\theta=\pm\dfrac{1}{\sqrt{2}}$ より，$\mathbf{\theta=45°,\ 135°}$

(2) 左辺を因数分解すると，

$(2\sin\theta-1)(2\sin\theta+3)=0$

$2\sin\theta+3>0$ より，$2\sin\theta-1=0$

よって，$\sin\theta=\dfrac{1}{2}$

$\mathbf{\theta=30°,\ 150°}$

110 (1)$\mathbf{0^\circ \leqq \theta \leqq 30^\circ}$，$\mathbf{150^\circ \leqq \theta \leqq 180^\circ}$

(2)$\mathbf{120^\circ \leqq \theta \leqq 180^\circ}$

(3)$\tan\theta \geqq \dfrac{1}{\sqrt{3}}$ より，$\mathbf{30^\circ \leqq \theta < 90^\circ}$

(4)$\tan 45^\circ = 1$，$\tan 60^\circ = \sqrt{3}$ だから，$\mathbf{45^\circ < \theta < 60^\circ}$

(5)左辺を因数分解すると，

$(2\sin\theta - 1)(\sin\theta - 2) > 0$

$\sin\theta - 2 < 0$ より，$2\sin\theta - 1 < 0$

よって，$\sin\theta < \dfrac{1}{2}$

これより，$\mathbf{0^\circ \leqq \theta < 30^\circ}$，$\mathbf{150^\circ < \theta \leqq 180^\circ}$

30 正弦定理 (*p.60～61*)

111 (1)$\dfrac{\sqrt{3}}{\sin 60^\circ} = 2R$ より，

$R = \dfrac{\sqrt{3}}{2\cdot\sin 60^\circ} = \dfrac{\sqrt{3}}{2\cdot\dfrac{\sqrt{3}}{2}} = \mathbf{1}$

(2)$\dfrac{2}{\sin 45^\circ} = \dfrac{c}{\sin 30^\circ}$ より，

$c = \dfrac{2\cdot\sin 30^\circ}{\sin 45^\circ} = \dfrac{2\cdot\dfrac{1}{2}}{\dfrac{\sqrt{2}}{2}} = \mathbf{\sqrt{2}}$

(3)$B = 180^\circ - (60^\circ + 75^\circ) = 45^\circ$

$\dfrac{a}{\sin 60^\circ} = \dfrac{6}{\sin 45^\circ}$ より，

$a = \dfrac{6\cdot\sin 60^\circ}{\sin 45^\circ} = \dfrac{6\cdot\dfrac{\sqrt{3}}{2}}{\dfrac{\sqrt{2}}{2}} = \mathbf{3\sqrt{6}}$

(4)$\dfrac{\sqrt{3}}{\sin 120^\circ} = \dfrac{1}{\sin C}$ より，

$\sin C = \dfrac{\sin 120^\circ}{\sqrt{3}} = \dfrac{\dfrac{\sqrt{3}}{2}}{\sqrt{3}} = \dfrac{1}{2}$

よって，$0^\circ < C < 60^\circ$ より，$\mathbf{C = 30^\circ}$

112 (1)$\dfrac{a}{\sin A} = \dfrac{b}{\sin B} = \dfrac{c}{\sin C} = 2R$ より，

$\sin A : \sin B : \sin C = \dfrac{a}{2R} : \dfrac{b}{2R} : \dfrac{c}{2R}$

$= a : b : c$

$= \mathbf{\sqrt{3} : 2 : (1+\sqrt{2})}$

(2)$A : B : C = 2 : 1 : 3$，$A + B + C = 180^\circ$ より，

$A = 60^\circ$，$B = 30^\circ$，$C = 90^\circ$

$a : b : c = \sin A : \sin B : \sin C$

$= \sin 60^\circ : \sin 30^\circ : \sin 90^\circ$

$= \dfrac{\sqrt{3}}{2} : \dfrac{1}{2} : 1$

$= \mathbf{\sqrt{3} : 1 : 2}$

☑注意

正弦定理より，

$\sin A = \dfrac{a}{2R}$，$\sin B = \dfrac{b}{2R}$，$\sin C = \dfrac{c}{2R}$ であるから，$a : b : c = \sin A : \sin B : \sin C$ である。

113 (1)(左辺)$= c\left\{\left(\dfrac{a}{2R}\right)^2 + \left(\dfrac{b}{2R}\right)^2\right\}$

$= \dfrac{c(a^2+b^2)}{4R^2}$

(右辺)$= \dfrac{c}{2R}\left(a\cdot\dfrac{a}{2R} + b\cdot\dfrac{b}{2R}\right)$

$= \dfrac{c(a^2+b^2)}{4R^2}$

よって，(左辺)=(右辺)

(2)(左辺)$= (b-c)\cdot\dfrac{a}{2R} + (c-a)\cdot\dfrac{b}{2R} + (a-b)\cdot\dfrac{c}{2R}$

$= \dfrac{1}{2R}(ab - ac + bc - ab + ac - bc)$

$= 0 =$(右辺)

31 余弦定理 (*p.62～63*)

114 (1)$a^2 = 3^2 + 5^2 - 2\cdot3\cdot5\cdot\cos 60^\circ$

$= 9 + 25 - 15$

$= 19$

$a > 0$ より，$\mathbf{a = \sqrt{19}}$

(2)$c^2 = (\sqrt{2})^2 + 6^2 - 2\cdot\sqrt{2}\cdot6\cdot\cos 135^\circ$

$= 2 + 36 + 12$

$= 50$

$c > 0$ より，$\mathbf{c = 5\sqrt{2}}$

(3)$\cos A = \dfrac{9^2 + 10^2 - 8^2}{2\cdot9\cdot10}$

$= \dfrac{81 + 100 - 64}{180}$

$= \mathbf{\dfrac{13}{20}}$

(4)$\cos B = \dfrac{(\sqrt{33}-1)^2 + 2^2 - 6^2}{2\cdot(\sqrt{33}-1)\cdot2}$

$= \dfrac{33 - 2\sqrt{33} + 1 + 4 - 36}{4(\sqrt{33}-1)}$

$= \dfrac{-2(\sqrt{33}-1)}{4(\sqrt{33}-1)}$

$= -\dfrac{1}{2}$

$0^\circ < B < 180^\circ$ より，$\mathbf{B = 120^\circ}$

115 (1)$3^2 + 5^2 - 6^2 = 9 + 25 - 36 = -2 < 0$

よって，**鈍角三角形**

(2)$7^2 + 24^2 - 25^2 = 49 + 576 - 625 = 0$

よって，**直角三角形**

(3)$7^2 + 8^2 - 10^2 = 49 + 64 - 100 = 13 > 0$

よって，**鋭角三角形**

116 (1)右の図の△ABDについて余弦定理を用いると，

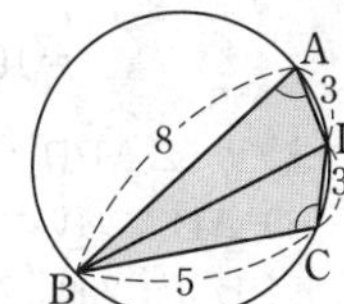

$BD^2=8^2+3^2-2\cdot8\cdot3\cdot\cos A$

$=\mathbf{73-48\cos A}$ ……①

(2)右の図の△BCDについて余弦定理を用いると，

$BD^2=5^2+3^2-2\cdot5\cdot3\cdot\cos C$

$=\mathbf{34-30\cos C}$ ……②

(3)$A+C=180°$ より，$C=180°-A$

よって，②より，

$BD^2=34-30\cdot\cos(180°-A)$

ゆえに，$BD^2=34+30\cos A$ ……②′

①，②′より，$\cos A=\dfrac{1}{2}$

$BD^2=73-48\cdot\dfrac{1}{2}=49$ より，

$BD=\mathbf{7}$

☑注意
円に内接する四角形の対角の和は180°なので，
$A+C=180°$

32 正弦定理と余弦定理の利用 (p.64〜65)

117 (1)余弦定理より，

$\cos A=\dfrac{(\sqrt{3}-1)^2+2^2-(\sqrt{2})^2}{2(\sqrt{3}-1)\cdot2}$

$=\dfrac{-2\sqrt{3}+6}{4(\sqrt{3}-1)}$

$=\dfrac{-(\sqrt{3}-3)}{2(\sqrt{3}-1)}$

$=\dfrac{\sqrt{3}(\sqrt{3}-1)}{2(\sqrt{3}-1)}$

$=\dfrac{\sqrt{3}}{2}$

よって，$A=\mathbf{30°}$

同様にして，

$\cos C=\dfrac{(\sqrt{2})^2+(\sqrt{3}-1)^2-2^2}{2\sqrt{2}(\sqrt{3}-1)}$

$=\dfrac{-2(\sqrt{3}-1)}{2\sqrt{2}(\sqrt{3}-1)}$

$=-\dfrac{1}{\sqrt{2}}$

よって，$C=\mathbf{135°}$

また，$B=180°-(A+C)$

$=180°-(30°+135°)$

$=\mathbf{15°}$

(2)正弦定理より，

$\dfrac{6\sqrt{3}}{\sin30°}=\dfrac{18}{\sin C}$ だから，

$\sin C=\dfrac{18\cdot\sin30°}{6\sqrt{3}}$

$=\dfrac{18\cdot\frac{1}{2}}{6\sqrt{3}}=\dfrac{\sqrt{3}}{2}$

よって，$C=\mathbf{60°}$，$\mathbf{120°}$

(i)$C=60°$ のとき，

$B=180°-(30°+60°)=\mathbf{90°}$

三平方の定理より，

$b^2=a^2+c^2=(6\sqrt{3})^2+18^2=432$

よって，$b=\mathbf{12\sqrt{3}}$

(ii)$C=120°$ のとき，

$B=180°-(30°+120°)=\mathbf{30°}$

△ABCは $b=a$ の二等辺三角形であるから，

$b=\mathbf{6\sqrt{3}}$

☑注意
このように，与えられた条件によっては，三角形が1つに決定されないこともある。

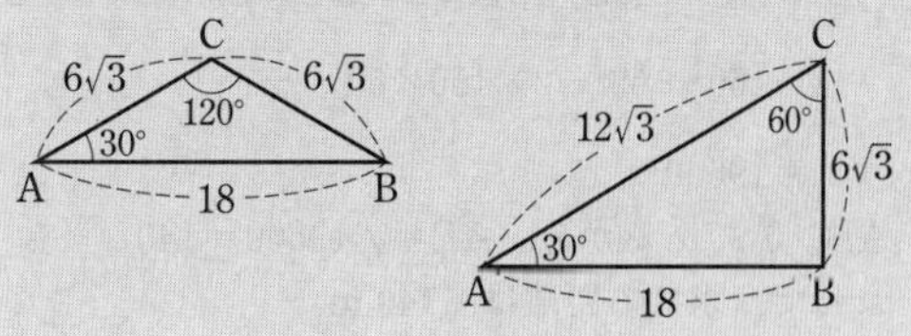

118 (1)$a\cdot\left(\dfrac{a}{2R}\right)^2=b\left(\dfrac{b}{2R}\right)^2$ より，

$\dfrac{a^3}{4R^2}-\dfrac{b^3}{4R^2}=0$

$a^3-b^3=0$

$(a-b)(a^2+ab+b^2)=0$

ここで，$a^2+ab+b^2>0$ より，$a=b$

よって，**$a=b$ の二等辺三角形**

(2)$a\cdot\dfrac{b^2+c^2-a^2}{2bc}+b\cdot\dfrac{c^2+a^2-b^2}{2ca}=c\cdot\dfrac{a^2+b^2-c^2}{2ab}$

両辺に $2abc$ をかけて整理すると，

$c^4-(a^4-2a^2b^2+b^4)=0$

$(c^2)^2-(a^2-b^2)^2=0$

$(c^2+a^2-b^2)(c^2-a^2+b^2)=0$

これより，$b^2=c^2+a^2$ または $a^2=b^2+c^2$

よって，**$B=90°$ の直角三角形，または $A=90°$ の直角三角形**

(3)$2\cdot\dfrac{c}{2R}\cdot\dfrac{c^2+a^2-b^2}{2ca}=\dfrac{a}{2R}-\dfrac{b}{2R}+\dfrac{c}{2R}$

両辺に $2aR$ をかけて整理すると，

$c^2-b^2+ab-ac=0$

$(c+b)(c-b)-a(c-b)=0$

$(c-b)(c+b-a)=0$

ここで $c+b-a>0$ より，$c=b$

よって，**$b=c$ の二等辺三角形**

33 三角比の利用，測量 (p. 66〜67)

119 木の先端を A，根元を B，木の根元の俯角が 30° の距離になる位置を C，木の根元から 160 cm の位置を D とし，木の高さを h cm とする。

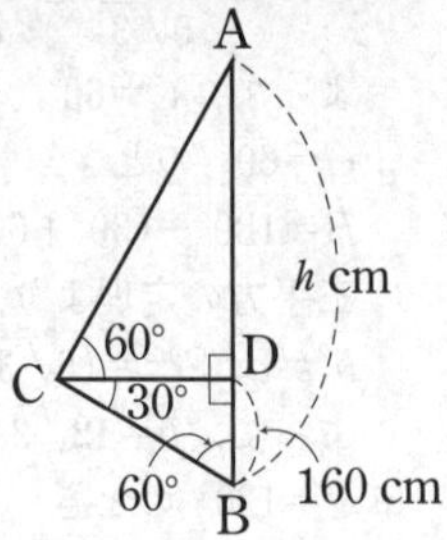

このとき，△BCD において，

$BC=\dfrac{BD}{\cos 60^\circ}=160\div\dfrac{1}{2}=320$ (cm)

よって，△ABC において，

$h=\dfrac{BC}{\cos 60^\circ}=320\div\dfrac{1}{2}=$ **640 (cm)**

120 △ACB において，余弦定理を用いると，

$AB^2=AC^2+BC^2-2\times AC\times BC\times\cos 60^\circ$

$=160^2+60^2-2\times160\times60\times\dfrac{1}{2}$

$=19600$

$AB>0$ であるから，$AB=\sqrt{19600}=140$

よって，求める距離は，**140 m**

121 山 P のふもとを H として，高さを $PH=x$ m とすると，

$HA=\dfrac{\sqrt{3}}{3}x$ m，$HB=x$ m，$HC=\sqrt{3}\,x$ m

△HAB において，余弦定理より，

$\cos\angle HAB=\dfrac{100^2+\left(\dfrac{\sqrt{3}}{3}x\right)^2-x^2}{2\cdot100\cdot\dfrac{\sqrt{3}}{3}x}$ ……①

△HAC において，余弦定理より，

$\cos\angle HAC=\dfrac{300^2+\left(\dfrac{\sqrt{3}}{3}x\right)^2-(\sqrt{3}\,x)^2}{2\cdot300\cdot\dfrac{\sqrt{3}}{3}x}$ ……②

$\angle HAB=\angle HAC$ なので，①，②より，

$$\frac{100^2+\left(\frac{\sqrt{3}}{3}x\right)^2-x^2}{2\cdot100\cdot x}=\frac{300^2+\left(\frac{\sqrt{3}}{3}x\right)^2-(\sqrt{3}\,x)^2}{2\cdot300\cdot x}$$

$3\left(100^2+\dfrac{x^2}{3}-x^2\right)=300^2+\dfrac{x^2}{3}-3x^2$

$\dfrac{2}{3}x^2=60000$

$x^2=90000$

$x>0$ であるから，$x=300$

したがって，山 P の高さは **300 m**

122 $\angle BQC=180^\circ-(75^\circ+45^\circ)=60^\circ$

△QBC において，正弦定理より，

$\dfrac{BQ}{\sin 45^\circ}=\dfrac{100\sqrt{6}}{\sin 60^\circ}$

よって，$BQ=\dfrac{100\sqrt{6}\sin 45^\circ}{\sin 60^\circ}$

$=100\sqrt{6}\cdot\dfrac{1}{\sqrt{2}}\div\dfrac{\sqrt{3}}{2}=200$

また，$\angle APB=180^\circ-(60^\circ+75^\circ)=45^\circ$

△PAB において，正弦定理より，

$\dfrac{PB}{\sin 60^\circ}=\dfrac{200\sqrt{2}}{\sin 45^\circ}$

よって，$PB=\dfrac{200\sqrt{2}\sin 60^\circ}{\sin 45^\circ}$

$=200\sqrt{2}\cdot\dfrac{\sqrt{3}}{2}\div\dfrac{1}{\sqrt{2}}=200\sqrt{3}$

ところで，$\angle PBQ=180^\circ-75^\circ\times2=30^\circ$

△PBQ において，余弦定理より，

$PQ^2=200^2+(200\sqrt{3})^2-2\cdot200\cdot200\sqrt{3}\cos 30^\circ$

$=40000+120000-120000=40000$

$PQ>0$ であるから，$PQ=\sqrt{40000}=$ **200 (m)**

123 地球の中心を O，人工衛星を P，人工衛星の真下の地上の点を Q とし，円板の直径を AB とする。5 点 O，P，Q，A，B を通る平面で切った切り口を図示すると，右図のようになる。

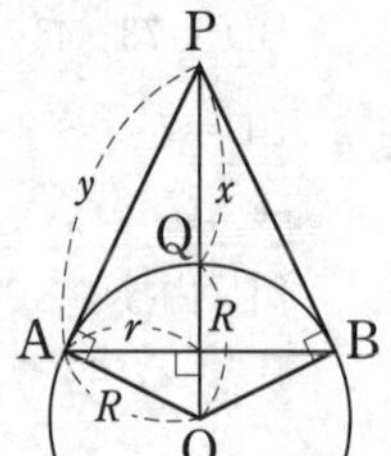

さらに，円板の半径を r km，接線 PA の長さを y km とする。

三平方の定理より，

$(x+R)^2=y^2+R^2$

よって，$y>0$ より

$y=\sqrt{(x+R)^2-R^2}=\sqrt{x^2+2xR}$ ……①

△OPA の面積に着目すると，

$\dfrac{1}{2}yR=\dfrac{1}{2}(x+R)r$

したがって，$r=\dfrac{yR}{x+R}$

①を代入して，$\boldsymbol{r=\dfrac{R\sqrt{x^2+2xR}}{x+R}}$

34 図形の面積 (p. 68〜69)

124 (1) $S=\dfrac{1}{2}\cdot6\cdot4\cdot\sin120^\circ=\boldsymbol{6\sqrt{3}}$

(2) $\cos C=\dfrac{3^2+5^2-6^2}{2\cdot3\cdot5}=\dfrac{9+25-36}{30}=-\dfrac{1}{15}$

$\sin^2C=1-\cos^2C$

$=1-\left(-\dfrac{1}{15}\right)^2=\dfrac{224}{15^2}$

よって，$0^\circ<C<180^\circ$ より，$\sin C>0$ だから，

$\sin C=\dfrac{4\sqrt{14}}{15}$

$S=\dfrac{1}{2}\cdot3\cdot5\cdot\dfrac{4\sqrt{14}}{15}=\boldsymbol{2\sqrt{14}}$

125 (1) $\cos A=\dfrac{(4-2\sqrt{2})^2+(\sqrt{2})^2-(2\sqrt{3}-\sqrt{6})^2}{2\cdot(4-2\sqrt{2})\cdot\sqrt{2}}$

$$=\frac{16-16\sqrt{2}+8+2-12+12\sqrt{2}-6}{8\sqrt{2}-8}$$

$$=\frac{8-4\sqrt{2}}{8\sqrt{2}-8}=\frac{4(2-\sqrt{2})}{4\sqrt{2}(2-\sqrt{2})}=\frac{1}{\sqrt{2}}$$

よって，$0°<A<180°$ より，$A=45°$

$$S=\frac{1}{2}\cdot(4-2\sqrt{2})\sqrt{2}\cdot\sin 45°$$

$$=\mathbf{2-\sqrt{2}}$$

(2)正弦定理より，

$$\frac{2\sqrt{3}-\sqrt{6}}{\sin 45°}=2R$$

$$R=\frac{2\sqrt{3}-\sqrt{6}}{2\cdot\frac{\sqrt{2}}{2}}=\mathbf{\sqrt{6}-\sqrt{3}}$$

別解 $S=\dfrac{abc}{4R}$ より，

$$R=\frac{abc}{4S}$$

$$=\frac{(2\sqrt{3}-\sqrt{6})(4-2\sqrt{2})\cdot\sqrt{2}}{4(2-\sqrt{2})}$$

$$=\frac{2\sqrt{6}-2\sqrt{3}}{2}$$

$$=\mathbf{\sqrt{6}-\sqrt{3}}$$

(3)$S=\dfrac{1}{2}r(a+b+c)$ より，

$$r=\frac{2S}{a+b+c}$$

$$=\frac{2(2-\sqrt{2})}{4+2\sqrt{3}-\sqrt{6}-\sqrt{2}}$$

$$=\frac{2(2-\sqrt{2})}{(4-\sqrt{2})+(2\sqrt{3}-\sqrt{6})}$$

$$=\frac{2(2-\sqrt{2})\{(4-\sqrt{2})-(2\sqrt{3}-\sqrt{6})\}}{(4-\sqrt{2})^2-(2\sqrt{3}-\sqrt{6})^2}$$

$$=\frac{20-12\sqrt{2}-12\sqrt{3}+8\sqrt{6}}{4\sqrt{2}}$$

$$=\mathbf{\frac{5\sqrt{2}+4\sqrt{3}-3\sqrt{6}-6}{2}}$$

126 (1)$BD=x$ として，

△ABD において余弦定理を用いると，

$$x^2=1^2+4^2-2\cdot1\cdot4\cdot\cos\theta$$

$$=17-8\cos\theta \quad\cdots\cdots①$$

△BCD において余弦定理を用いると，

$$x^2=2^2+3^2-2\cdot2\cdot3\cdot\cos(180°-\theta)$$

$$=13+12\cos\theta \quad\cdots\cdots②$$

①，②より，

$$17-8\cos\theta=13+12\cos\theta$$

$$20\cos\theta=4$$

$$\cos\theta=\mathbf{\frac{1}{5}}$$

(2)$\sin^2\theta=1-\cos^2\theta$ より，

$$\sin^2\theta=1-\left(\frac{1}{5}\right)^2=\frac{24}{25}$$

ここで，$0°<\theta<180°$ より，$\sin\theta>0$ だから，

$$\sin\theta=\frac{2\sqrt{6}}{5}$$

四角形 ABCD の面積を S とすると，

$$S=\triangle ABD+\triangle BCD$$

$$=\frac{1}{2}\cdot1\cdot4\cdot\sin\theta+\frac{1}{2}\cdot2\cdot3\cdot\sin(180°-\theta)$$

$$=\frac{4}{5}\sqrt{6}+\frac{6}{5}\sqrt{6}=\mathbf{2\sqrt{6}}$$

☑注意

四角形の面積は，対角線を引いて２つの三角形に分けてから考える。

127 (1)$AO=p$，$OC=q$，$BO=r$，$OD=s$ とすると，

$$S=\triangle ABO+\triangle BCO+\triangle CDO+\triangle DAO$$

$$=\frac{1}{2}pr\sin\theta+\frac{1}{2}rq\sin(180°-\theta)+\frac{1}{2}qs\sin\theta+\frac{1}{2}sp\sin(180°-\theta)$$

$$=\frac{1}{2}\sin\theta\cdot(pr+rq+qs+sp)$$

$$=\frac{1}{2}\sin\theta\cdot(p+q)(r+s)$$

$$=\frac{1}{2}ab\sin\theta$$

(2)$S=\dfrac{1}{2}\cdot5\cdot4\cdot\sin 60°=\mathbf{5\sqrt{3}}$

35 空間図形への利用　(p.70～71)

128 底面積が 16π より，底面の円の半径は 4

よって，

$$BH=4,\quad AH=4\tan 60°=4\sqrt{3}$$

だから，

$$V=\frac{1}{3}\cdot16\pi\cdot4\sqrt{3}=\mathbf{\frac{64\sqrt{3}}{3}\pi}$$

129 (1)$EC=\sqrt{4^2+3^2+2^2}=\sqrt{29}$

よって，

$$EO=\frac{1}{2}EC=\mathbf{\frac{\sqrt{29}}{2}}$$

(2)△EOF は EO=FO の二等辺三角形であるから，余弦定理より，

$$\cos\alpha=\frac{\left(\frac{\sqrt{29}}{2}\right)^2+\left(\frac{\sqrt{29}}{2}\right)^2-4^2}{2\cdot\frac{\sqrt{29}}{2}\cdot\frac{\sqrt{29}}{2}}=\mathbf{-\frac{3}{29}}$$

☑注意

空間図形の計量においても，必要な平面をぬき出して三角比を利用する。

130 (1)頂点 A から底面 BCD へ垂線 AH を引くとき，H は△BCD の重心であるから，$BH=\frac{2}{3}BM$ ……①

また，$BM=\sqrt{1^2-\left(\frac{1}{2}\right)^2}$

$=\frac{\sqrt{3}}{2}$

①より，$BH=\frac{\sqrt{3}}{3}$

よって，$AH=\sqrt{AB^2-BH^2}$

$=\sqrt{1^2-\left(\frac{\sqrt{3}}{3}\right)^2}$

$=\frac{\sqrt{6}}{3}$

したがって，

$V=\frac{1}{3}\times\frac{1}{2}\cdot1\cdot1\cdot\sin60°\times\frac{\sqrt{6}}{3}=\boldsymbol{\frac{\sqrt{2}}{12}}$

(2)$\cos\theta=\frac{BH}{AB}=\boldsymbol{\frac{\sqrt{3}}{3}}$

(3)MP＋PQ＋QD が最小となるのは，右の展開図において，4 点 M，P，Q，D が一直線上にあるときである。

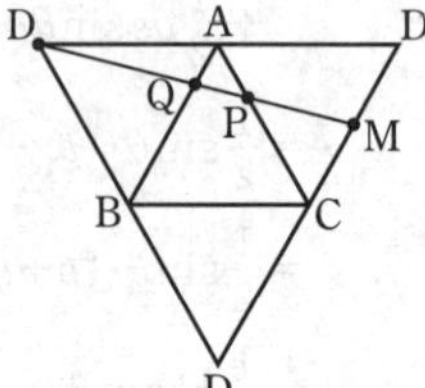

このとき，余弦定理から，

$MD^2=2^2+\left(\frac{1}{2}\right)^2$

$-2\cdot2\cdot\frac{1}{2}\cdot\cos60°$

$=4+\frac{1}{4}-1=\frac{13}{4}$

よって，$MD=\frac{\sqrt{13}}{2}$ だから，

MP＋PQ＋QD の最小値は，$\boldsymbol{\frac{\sqrt{13}}{2}}$

> ☑注意
> 空間図形の面上の線分の長さは，展開図を利用して考えるとよい。

第 5 章 | データの分析

㊱ データの代表値と四分位数 (*p.72〜73*)

131 $\frac{1}{10}(13+21+17+16+25+20+12+18+16+19)=17.7$

よって，平均値は **17.7**

データを小さいほうから順に並べると，

12，13，16，16，17，18，19，20，21，25

よって，中央値は $\frac{17+18}{2}=$**17.5**

> ☑注意
> データの個数が偶数のときは，中央の 2 つのデータの値の平均値が中央値となる。

132 (1)A 班の平均値は，

$\frac{1}{15}(31+71+65+22+41+88+90+63+81+76+81+91+78+91+51)=$**68（点）**

B 班の平均値は，

$\frac{1}{14}(38+40+48+79+78+59+68+69+58+88+89+99+39+100)=$**68（点）**

(2)データを小さいほうから順に並べて，Q_1，Q_2，Q_3 を求める。

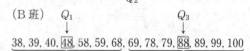

（A 班）

22, 31, 41, [51], 63, 65, 71, (76), 78, 81, 81, [88], 90, 91, 91

（$Q_1=51$，$Q_2=76$，$Q_3=88$）

（B 班）

38, 39, 40, [48], 58, 59, 68, 69, 78, 79, [88], 89, 99, 100

（$Q_1=48$，$Q_3=88$）

$Q_2=\frac{68+69}{2}=68.5$

これより，

A 班の範囲は，91−22＝**69（点）**

A 班の四分位数は，

$Q_1=51$ 点，$Q_2=76$ 点，$Q_3=88$ 点

B 班の範囲は，100−38＝**62（点）**

B 班の四分位数は，

$Q_1=48$ 点，$Q_2=68.5$ 点，$Q_3=88$ 点

(3)（A 班）

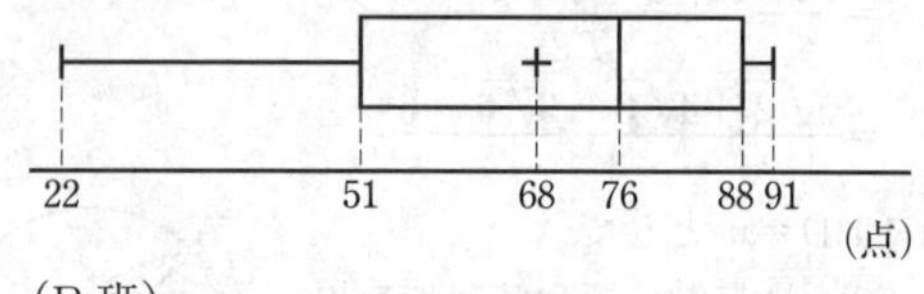

（B 班）

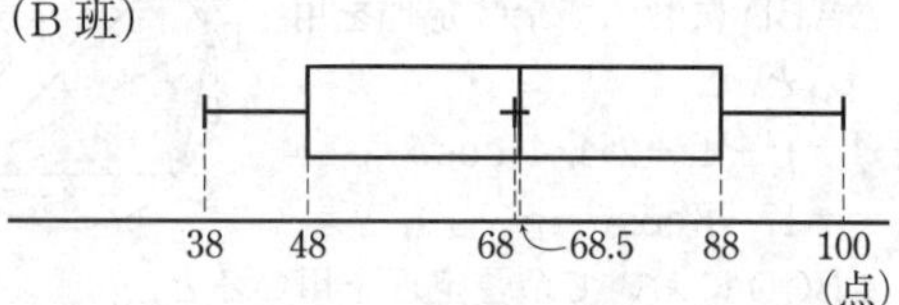

(4)**エ**

> ☑注意
> データの平均値が同じであっても，データの分布の様子は異なることがあるので，いろいろな表現を用いて考えることが重要である。

37 分散と標準偏差 (p.74〜75)

133 (1) $\overline{x}=\frac{1}{6}(8+4+7+4+5+2)=\mathbf{5}$

(2)

x	8	4	7	4	5	2
$(x-\overline{x})^2$	**9**	**1**	**4**	**1**	**0**	**9**

(分散) $=\frac{1}{6}(9+1+4+1+0+9)=\mathbf{4}$

(標準偏差) $=\sqrt{4}=\mathbf{2}$

(3)

x	8	4	7	4	5	2
x^2	64	16	49	16	25	4

(分散) $=\frac{1}{6}(64+16+49+16+25+4)-5^2$

$=29-25=\mathbf{4}$

よって，(2)の答えと一致する。

134 (1) A グループの平均値は，

$\frac{1}{20}(3\times1+4\times6+5\times6+6\times6+7\times1)=\mathbf{5}$ **(点)**

B グループの平均値は，

$\frac{1}{20}(0\times1+1\times2+2\times2+3\times3+4\times2+6\times3+7\times1$
$+8\times3+9\times2+10\times1)$
$=\mathbf{5}$ **(点)**

(2) A グループの分散は，

$\frac{1}{20}(3^2\times1+4^2\times6+5^2\times6+6^2\times6+7^2\times1)-5^2$

$=\frac{520}{20}-25=1$

よって，A グループの標準偏差は，$\sqrt{1}=\mathbf{1}$ **(点)**

B グループの分散は，

$\frac{1}{20}(0^2\times1+1^2\times2+2^2\times2+3^2\times3+4^2\times2+6^2\times3$
$+7^2\times1+8^2\times3+9^2\times2+10^2\times1)-5^2$

$=\frac{680}{20}-25=9$

よって，B グループの標準偏差は，$\sqrt{9}=\mathbf{3}$ **(点)**

> ☑注意
> A グループ，B グループの標準偏差は，それぞれ 1 点，3 点だから，B グループのほうが散らばりの度合いが大きいことがわかる。

135 データ A，B を合わせたときの平均値は，

$\frac{1}{12+8}(5\times12+10\times8)=\mathbf{7}$

データ A の分散は，$2^2=4$

データ B の分散は，$1^2=1$

(分散)$=$(x^2 の平均値)$-$(x の平均値)^2 の関係式より，

(データ A の 2 乗の平均値) $=4+5^2=29$

(データ B の 2 乗の平均値) $=1+10^2=101$

よって，データ A，B を合わせたときの分散は，

$\frac{1}{20}(29\times12+101\times8)-7^2=57.8-49=8.8$

よって，標準偏差は，$\sqrt{8.8}=2.9\cdots\fallingdotseq\mathbf{3}$

38 データの相関 (p.76〜77)

136 **ア**

137 (1)

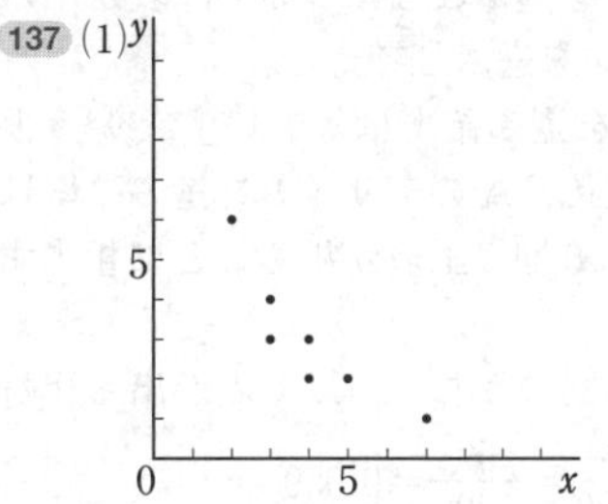

(2) $\overline{x}=(3+4+3+2+4+7+5)\div7=\mathbf{4}$

$\overline{y}=(4+2+3+6+3+1+2)\div7=\mathbf{3}$

(3) x の分散は，

$\frac{1}{7}\{(3-4)^2+(4-4)^2+(3-4)^2+(2-4)^2+(4-4)^2$
$+(7-4)^2+(5-4)^2\}=\mathbf{\frac{16}{7}}$

y の分散は，

$\frac{1}{7}\{(4-3)^2+(2-3)^2+(3-3)^2+(6-3)^2+(3-3)^2$
$+(1-3)^2+(2-3)^2\}=\mathbf{\frac{16}{7}}$

(4) $s_{xy}=\frac{1}{7}\{(3-4)(4-3)+(4-4)(2-3)$
$+(3-4)(3-3)+(2-4)(6-3)$
$+(4-4)(3-3)+(7-4)(1-3)$
$+(5-4)(2-3)\}=-\frac{14}{7}=\mathbf{-2}$

(5) $s_x=\sqrt{\frac{16}{7}}$，$s_y=\sqrt{\frac{16}{7}}$，$s_{xy}=-2$ より，

$r=\frac{s_{xy}}{s_xs_y}$

$=\frac{-2}{\sqrt{\frac{16}{7}}\cdot\sqrt{\frac{16}{7}}}=\frac{-2}{\frac{16}{7}}=-\frac{7}{8}=\mathbf{-0.875}$

よって，x と y の間には**強い負の相関関係がある。**

39 仮説検定 (p.78〜79)

138 回答の結果より，

(i)「B のほうが好まれやすい」と評価されると判断するために，

(ii)「偶然により，30 人中 24 人が B のほうを好むと回答した」と帰無仮説を立てると，

表より 24 枚以上表が出たのは，1000 セットのうち 2+1=3(セット)

相対度数は，$\frac{3}{1000}=0.003$

よって，偶然により 30 人中 24 人以上が B を好むと回答する確率は 0.003 程度で，きわめてまれなことである。

したがって，(ii)の仮説は棄却される。

よって，(i)の「Bのほうが好まれやすい」と評価する判断は正しい。

139 A，Bのデザインを選ぶことについて，表が出る場合をAのデザインを選ぶと考える。
「A，Bのデザインを選ぶ確率は等しい」という仮説のもとで，6名以上がAのデザインを選ぶ確率は，コインが7回のうち6回以上表が出ることに相当するとみなす。
度数分布表より，7回のうち6回以上表が出る相対度数は，$\frac{50}{1000}+\frac{9}{1000}=\frac{59}{1000}=0.059$
よって，7名のうち6名がAのデザインを選ぶ確率は，0.059×100＝5.9(%) と考えられ，基準の5%より大きい。
したがって，「A, Bのデザインを選ぶ確率は等しい」という仮説は誤りとは言えない。
つまり，チームのメンバーはAのデザインを好むとは言えない。